叶雨书衣

自选集

叶雨书衣

自选集

范 用

生活·讀書·新知 三联书店

自　序

我每拿到一本新书，先欣赏封面。看设计新颖的封面，是一种享受；我称之为"第一享受"。

1938年在汉口，我到读书生活出版社当练习生，知道了书的封面是怎样产生的。社里派我到胡考先生那里取封面稿，有的封面是当着我的面赶画出来的。我看了挺感兴趣。

于是我也学着画封面。并非任务，下了班一个人找乐儿偷着画。一次，出版社黄（洛峰）经理看到了，称赞了几句，我非常开心。以后，有的封面居然叫我设计了。当然，我的作品很幼稚，如小儿学步。

记得我设计的第一个封面是《抗战小学教育》（1938年）。当时读书生活出版社出版周立波的一本书，其中照片插图的说明文字是周先生让我写的，他说，手写的比排的字好看。看到自己的字印在书上，我高兴极了。在汉口，读书生活出版社的斜对面，是开明书店，丰子恺先生就住在开明书店的楼上。我设计封面，请丰子恺先生指教，还请他写过封面字。抗战胜利后，李公朴先生交给我一部书稿——《社会大学》，叫我编辑排印并设计封面。为此，我给他写过好几封信。书还未出版，就传来李先生在昆明被国民党特务暗杀的消息。

1948 年我设计《巴黎圣母院》，封面字是请黄炎培先生写的;《有产者》(高尔斯华绥)的封面字，是我从碑帖里集来的。《巴黎圣母院》的 43 幅插图，是我请当时国民政府驻法国大使馆的朋友买的一本画册的复制品。后来这本画册被译者陈敬容拿去了。

我是 1949 年到北京来的。5 月上海解放，8 月就调我到北京。1951 年成立人民出版社，三联书店并入人民出版社，保留店名，有一个编辑部。我提出分管三联书店编辑部。我还分管人民出版社的美术组，他们设计了封面，让我审批，有时不满意，反复几次，书等着印，于是我就自己动手设计。可是我自己设计的封面，不能自己审批开发稿单，就请美术组的同志署名，或署两个人的名字。因为是业余做的，后来我就署名"叶雨"。"叶雨"，业余爱好也。

我设计封面从来没拿过稿费，只有一次，为新知书店设计一套夏康农先生主编的书，书店送我一支大号金星钢笔，俗称"大老黑"，很珍贵，是那时中国生产的最好的钢笔。

设计封面，是做自己觉得很愉快的事情，其实并不轻松。设计一个封面，得琢磨好几天，还要找书稿来看。不看书稿，是设计不好封面的。举一个例：有人设计黄裳《银鱼集》的封面，画了六七条活生生的鱼。他不知道这"银鱼"是书蛀虫，即蠹虫、脉望，结果闹了笑话。

我习惯用手工方式制作封面，不用电脑。有的封面用电脑制作，也蛮神气，如科技书、旅游风景书、少儿读物等。学术著作、文学作品，要有书卷气，还是手工制作比较相宜。三联书店出版的"文化生活译丛"，原来的封面用专色，清秀雅致，后来有一段时间改为四色彩印，颜色复杂含糊。不妨比较一下，是简洁的专色好还是复杂的彩印好？当然，这只是一种简单的比较。

1991年，我在《世界文学》双月刊里读到一篇文章，讲到外国出版的文学书籍的封面："严肃文学作品装潢精致，精装本的护封大都取冷色调，十分庄重。通俗文学作品则开本矮小，封皮色彩鲜艳，纸张也比较粗糙。"我赞同这个观点。封面是华丽绚烂好还是朴素淡雅好，得看什么书。文化和学术图书，一般用两色，最多三色为宜，多了，五颜六色，会给人闹哄哄浮躁之感。前些年，装帧界曾讨论过这个问题，提出封面该做"减法"了。有一位先生甚至说，很多书，内容很好，就是因为封面太花哨，我不买。

此外，书籍要整体设计，不仅封面，包括护封、扉页、书脊、底封乃至版式、标题、尾花，都要通盘考虑，这里就不多说了。

1998年，《北京青年报》登过一篇晓岚的《减法的艺术》，提到我对于书籍装帧的一些看法；2002年4月，山东画报出版社出版的汪家明《2001·国外书籍封面226帧》小引，也涉及于此。我把它们附录于本书，供读者参阅。

印在这本书里的，是我设计的一部分封面、扉页和版式。敝帚自珍，诚恳希望得到方家和读者的指教。

本书的说明文字由汪家明同志记录编写，谨此致谢。

2002 年 4 月

北京方庄芳古园

目　录

随想录

巴金著，1987年9月第一版，32开，平装、精装两种，平装定价6.25元。

包括《随想录》《探索集》《真话集》《病中集》《无题集》五卷，书前有作者写的"合订本新记"（1987年6月19日）和"总序"（1978年12月1日）。全书文章一百五十篇，照片二十九幅。

大约是1984年，在香港办报的朋友告诉我，有人阻止他们刊发巴金先生写的短文，我听了很生气。恰好得知巴老来京，住在民族饭店，我就给他打电话，说我想出版《随想录》合订本，出版时一字不改。巴老很高兴，马上答应了。过了三年，巴老写完了五卷书，就交给三联书店出版合订本。这本珍贵的书，我设计了一个封面和一个包封。内文版式疏朗，版心小，天头大，看上去赏心悦目。

当年为了印《毛泽东选集》，出版社向纸厂订购了一批上好的纸，带点儿米色，纸质细密柔软。我有权决定用纸，就调用一部分印这本《随想录》。出书后，巴金先生很满意，来信说："真是第一流的纸张，第一流的装帧！是你们用辉煌的灯火把我这部多灾多难的小书引进'文明'书市的。"

范用同志：

信早收到。没有回信，只是因为我的病。《随想录》能够出合订本，合订本能够印得这样漂亮，很感谢你和季玉同志。说真话，我拿到这部书已经很满意了。真是第一流的纸张，第一流的装帧。是你们用辉煌的灯火把我这部多灾多难的小著引进"文明"之列而的。

译文集付印时我也想写几篇"新记"请告诉我最迟的交稿期。不过三四月内恐怕写不出来。

别的话下次再谈。祝

好！

巴金 三月九日

巴金给范用的信中谈到《随想录》的装帧设计

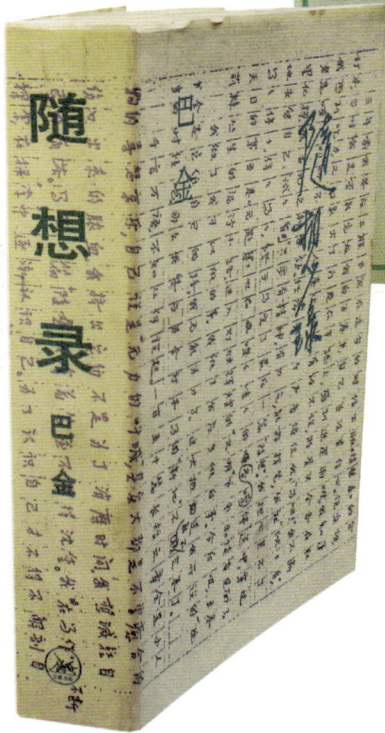

叶雨书衣

《野草》3——鲁迅云相，是理群、茅盾、李初梨合编的杂文刊物。

在我的思路，都来各花五年的工夫，写完五本《随想录》。这是我的责任，也是我的权利。

十月二十六日

真话集

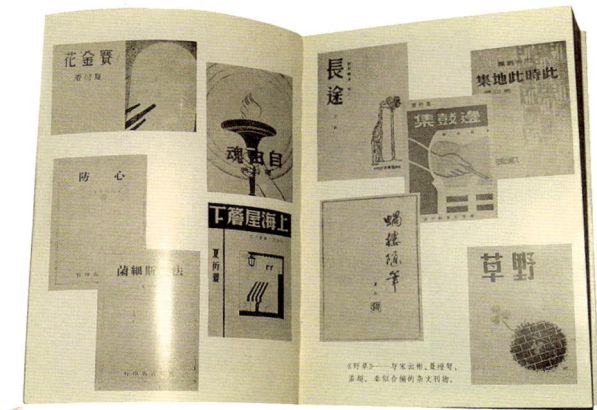

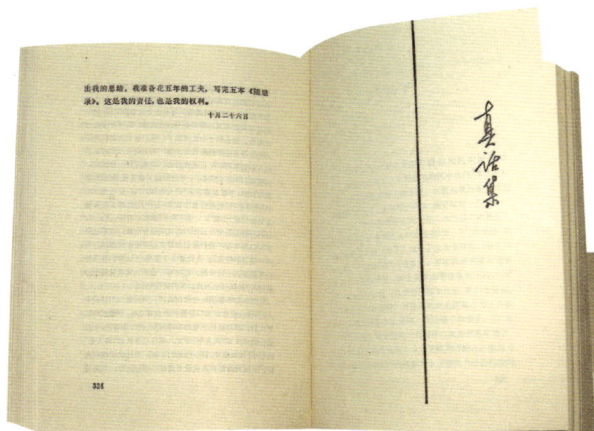

懒寻旧梦录

夏衍著，1985 年 7 月第一版，32 开，精装、平装二种，
精装定价 4.00 元，平装定价 3.30 元。

回忆录。李一氓题签，插图八页。

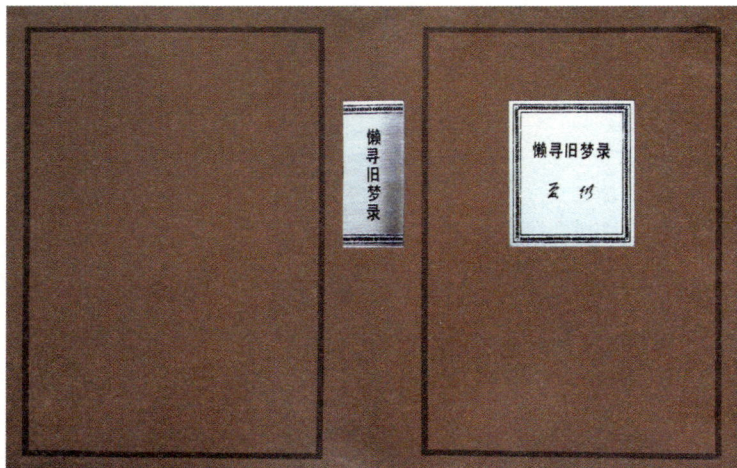

　　　叶雨书衣

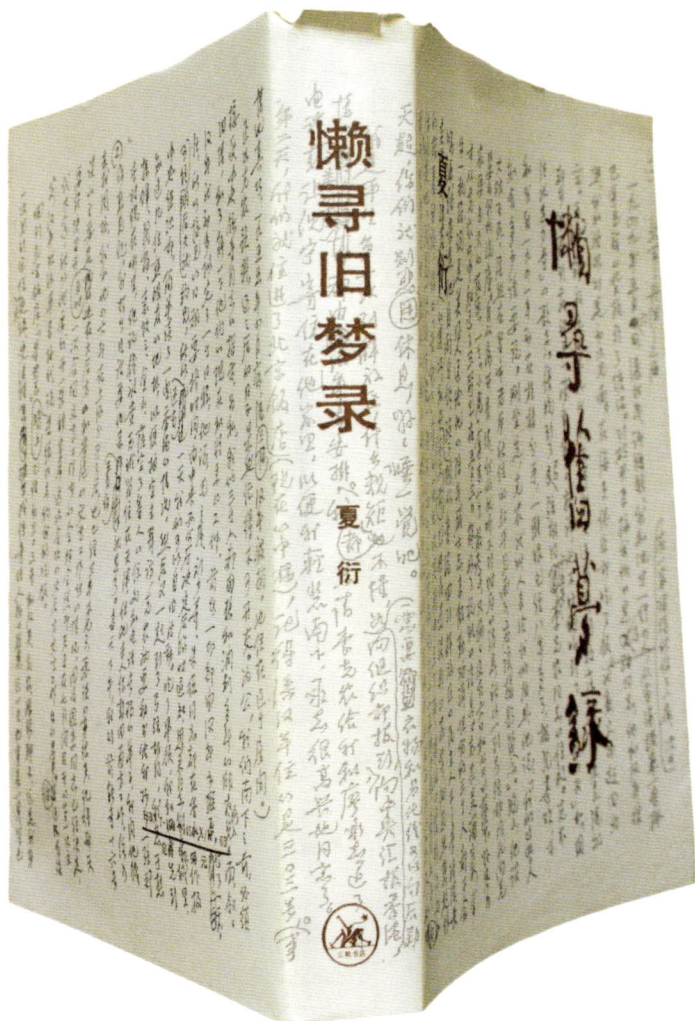

干校六记

杨绛著，1981 年 7 月第一版，窄 32 开，平装，定价 0.24 元。

回忆"文革"期间在"五七干校"的生活，钱锺书写"小引"并题书名。

这本书只有三万多字，是我找杨绛先生要的稿子，杨先生自己编的，原稿还在我这里。杨绛的文章十分朴素，我喜欢读。

第一版的封面是请丁聪设计的。丁聪是大家，但这次设计是失败的，杨先生也不满意。再版时我就重新设计了。当时我有一本书，后来找不到了。那本书上有各种草的图画（不是花），我喜欢，就拿来用到这套书上了。设计得其实很简单，画一个框，框上再压一个专色框，用作者手书签名。

杨先生对这个封面是满意的。

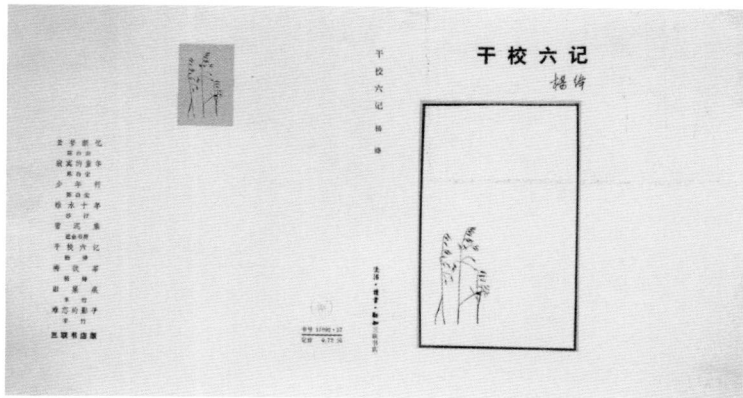

前图为范用设计的《干校六记》再版时的封面，后图为丁聪设计的第一版封面

将饮茶

杨绛著，1987年5月第一版，窄32开，平装，定价1.30元。

书前有《孟婆茶（胡思乱想，代序）》，书后有《隐身衣（废话，代后记）》。汇集四篇回忆文章，即《回忆我的父亲》《回忆我的姑母》《记钱锺书与〈围城〉》《丙午丁未年纪事（乌云与金边）》。

杨绛与钱锺书先生有个规矩：出书时互相题书名。"将饮茶"这个书名钱先生写了三幅，我选了一幅，但用在内页里。因为这是一套书，封面书名都用黑体字，所以我只好请杨先生原谅，破了他们的规矩。

将 饮 茶

杨绛

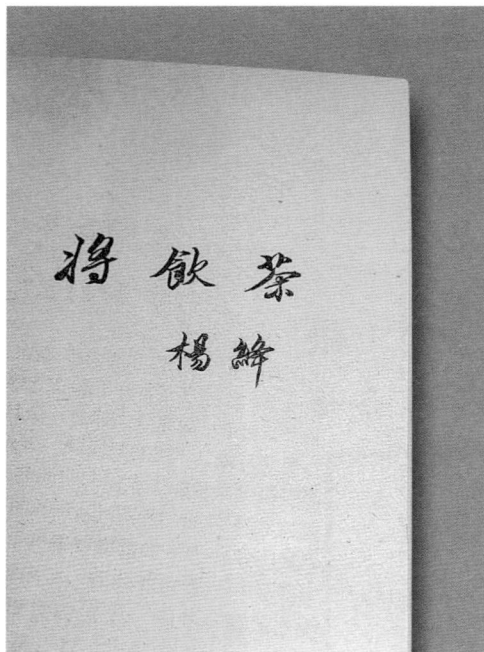

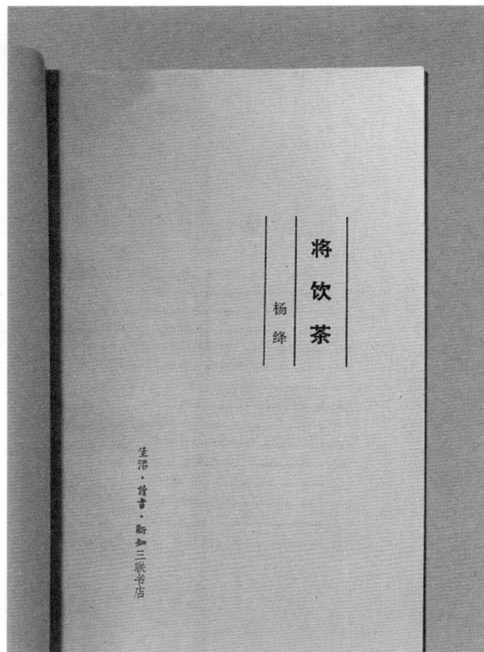

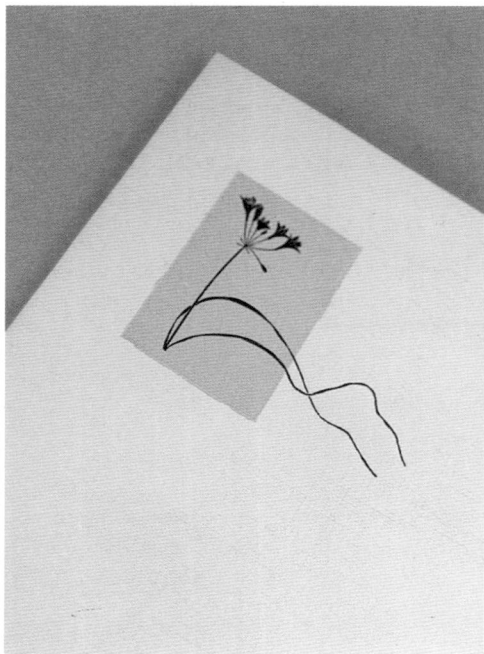

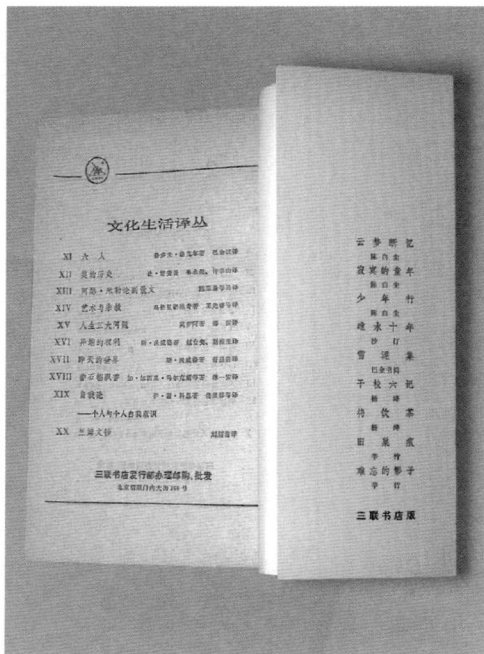

1

雪泥集

巴金著，杨苡编，1987年5月第一版，窄32开，平装，定价1.00元。照片三幅，书简影印二幅。

  五十年前，抗日战争前夕，十六岁的学生杨苡给巴金写了封信，倾吐自己的苦闷与幻想。巴金给她回了信，从此，开始了持续半个世纪之久的通信。经过战争和动乱年代，巴金的这批书信居然大部分保存了下来。印在这本集子里的，有六十封信，它记载了一个作家同一个青年之间的友谊。杨苡后来也走上了文学道路，写作，还翻译了一些文学作品。杨苡同巴金的夫人萧珊也结下了深厚友谊。

  本书附录了杨苡的长文《梦萧珊》。

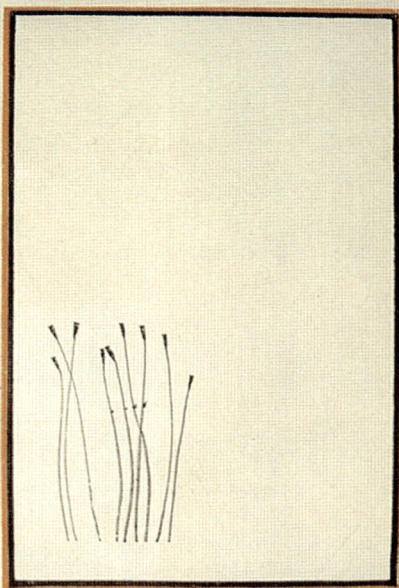

雪　泥　集

巴 金 书 简

高尔基政论杂文集

孟昌选译，1982 年 12 月第一版，32 开，精装，定价 3.15 元。

　　书前有姜椿芳写的序。根据苏联国家出版社 1953 年出版的高尔基三十卷集选译。

　　这个封面的设计，现在看来有点儿构成特点。两个长方色块相压，书名横跨两色块，反白高尔基线描画及书脊书名，书脊俄文用黑，占了主要位置。简到不能再简，连出版者署名、选译者署名都不要，看上去却不单调。

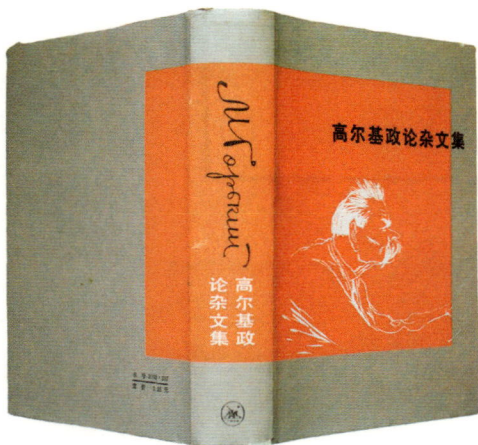

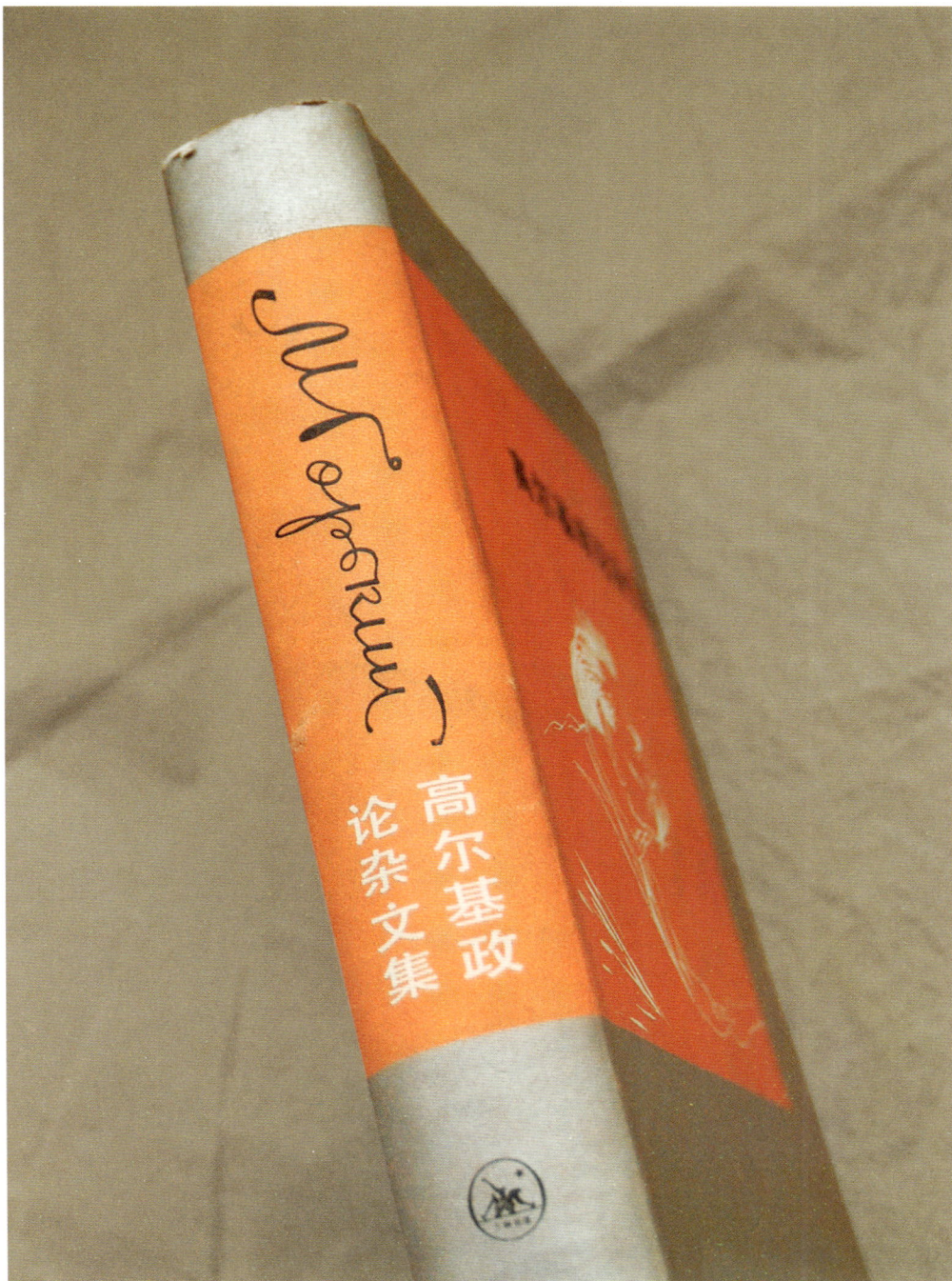

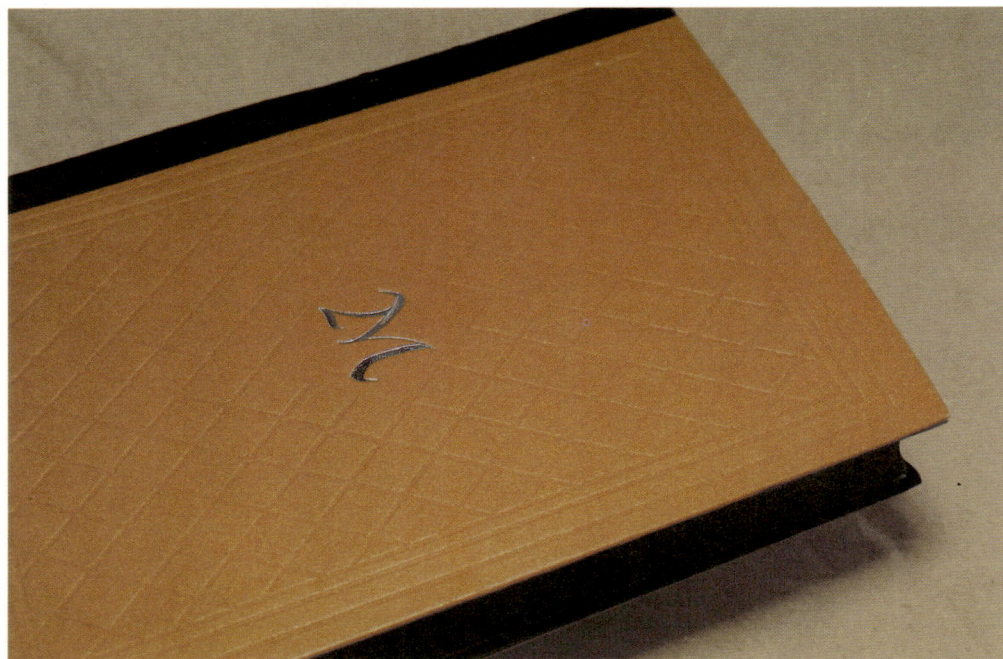

　　　　叶雨书衣

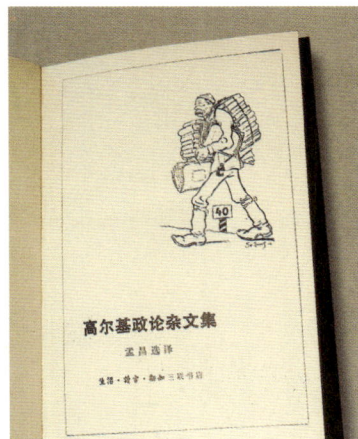

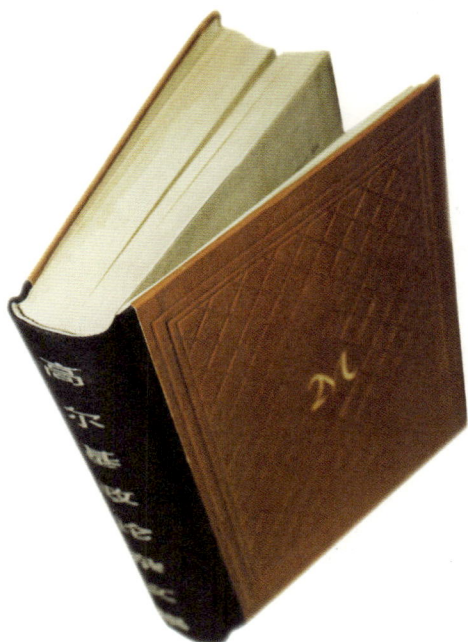

存在集

李一氓著，1985 年 5 月第一版，长 32 开，竖排平装，定价 2.10 元。

文史及杂论集。题词："献给潘汉年同志"。后来又出版了《存在集·续集》。

范用设计的李一氓的另一本书封面

精装封面

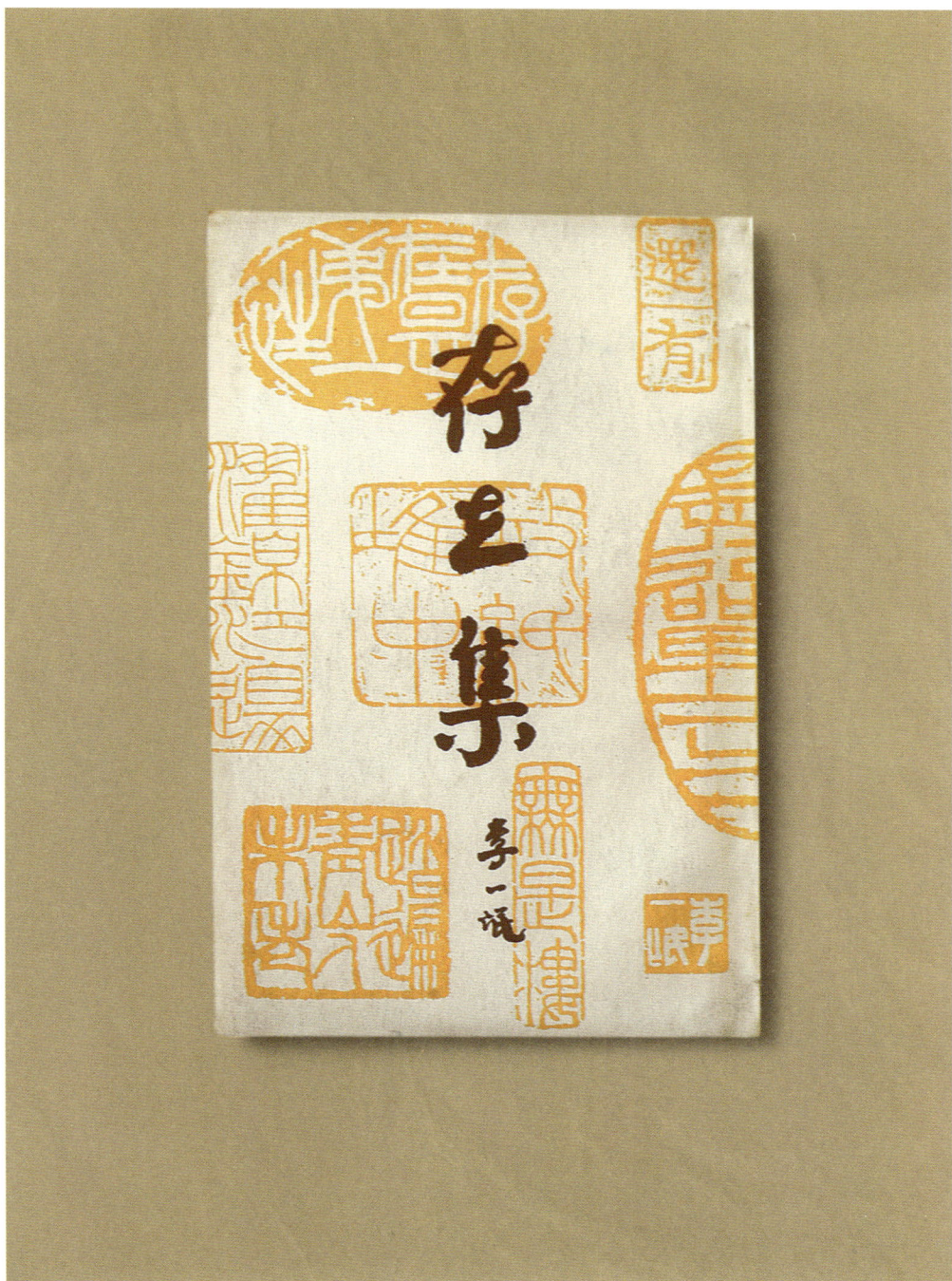

存在集　　　23

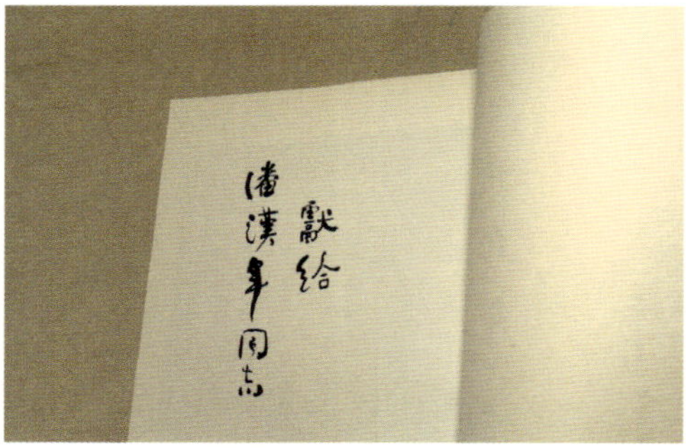
獻给
潘漢年同志

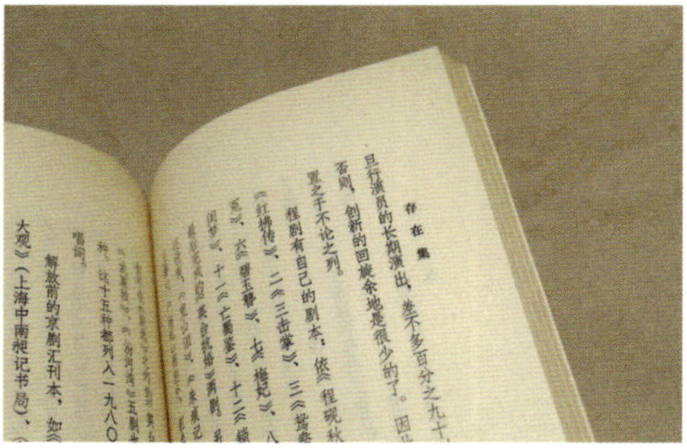
存在集

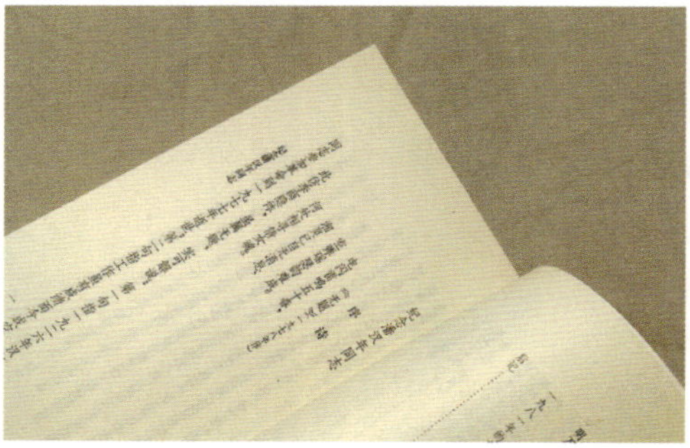

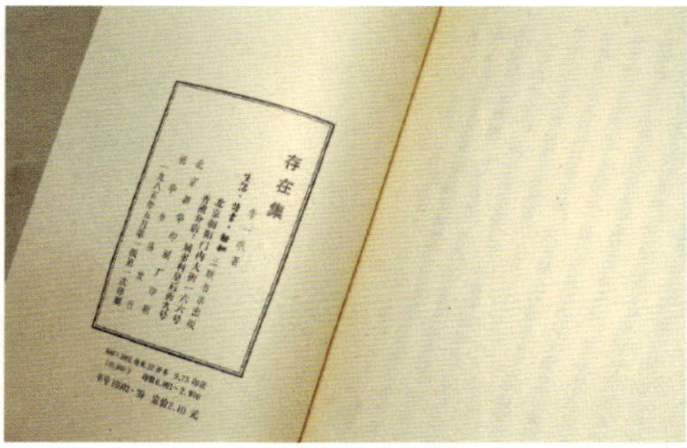
存在集

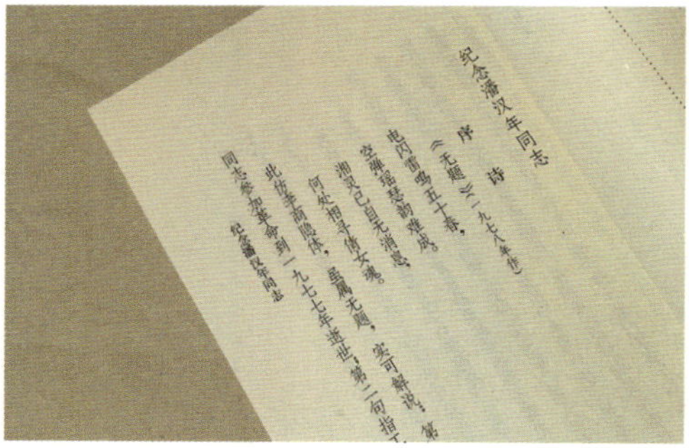
纪念潘汉年同志
序 诗

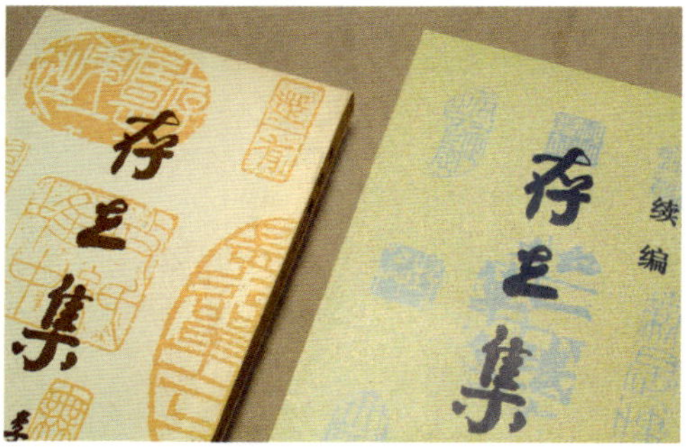
续编

存在集

一二〇

否则，创新的回旋余地是很少的了。因此在研究程派艺术上，似可暂置之于不论之列。

程剧有自己的剧本。依《程砚秋演出剧本选集》列目如下：一《红拂传》二《三击掌》三《鸳鸯冢》四《青霜剑》五《窦娥冤》六《碧玉簪》七《梅妃》八《朱痕记》九《荒山泪》十《春闺梦》十一《亡蜀鉴》十二《锁麟囊》两剧。另中国戏曲研究院的《京剧丛刊》中……也收录……（《剧选》缺《文姬归汉》和《……》……）。

论程砚秋

唱词。……计十五种势列入一九八〇全集《新编大戏考》（中国唱片社）附有。

解放前的京剧汇刊本，如《京调大全》（上海中南祀记书局）、《京剧大观》（上海中南祀记书局）、《戏学汇考》（上海大东书局）等，都没有编入程砚秋演出剧本，包括一九二三年前后完成和上演的那些剧本，如《红拂传》（一九二〇）、《鸳鸯冢》（一九二三）、《青霜剑》（一九二四）、《碧玉簪》（一九二四）、《梅妃》（一九二五）、《朱痕记》（一九二七）。当然当时有个习惯，某个演员自己的戏本一般是

一二一

柯灵杂文集

柯灵著，1984年12月第一版，32开，精装，定价5.20元。

　　书前有著者像一幅，手迹一幅。文章按年代分为四辑，写作时间自1933年至1983年，前后跨越五十年。

　　这套书有多种，全部精装，加包封。包封用木刻装饰，以示杂文的硬朗和尖锐。精装壳也很讲究，书脊用布面，封面封底为黑色，书名烫金。这是三联版图书中比较豪华的一套书，作者也都是大家。

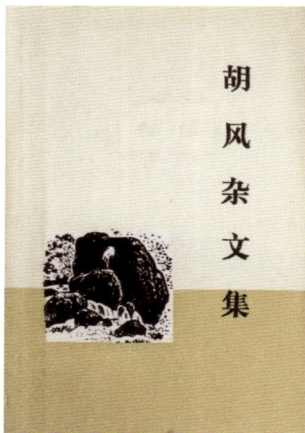

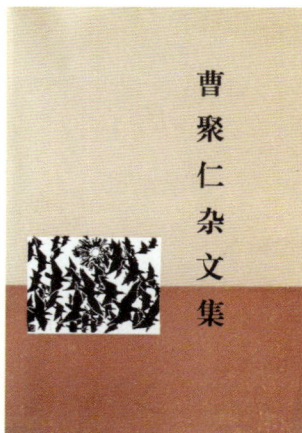

胡风杂文集

胡风著，1987年12月第一版，精装，定价4.90元。

包括《棘源草》《雾城杂感》《人环二记》《序跋文选》《从源头到洪流》《和新人物在一起》《初春小拾》等，是作者杂文总集。

本册包封木刻选用杨永青作品《山溪雨后》。

叶雨书衣

胡风杂文集   *31*

胡风

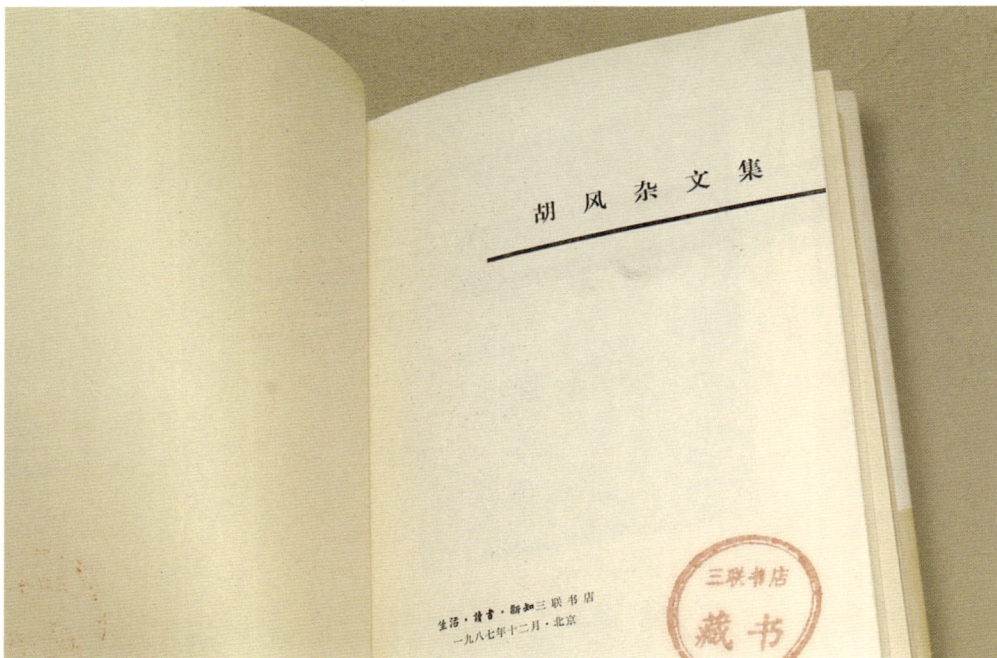

胡风杂文集

生活·读书·新知三联书店
一九八七年十二月·北京

　　　　叶雨书衣

欧洲文化的起源

[苏]兹拉特科夫斯卡雅著，陈筠、沈徵译，1984年12月第一版，32开，平装，定价0.71元。

叙述爱琴社会的历史和文化，这个社会在远古时期（公元前3000年至公元前2000年）存在于克里特、爱琴海各岛、大陆希腊和小亚细亚西部。

"外国历史文化知识丛书"之一。这套丛书前后出版了许多年，都是这一种设计风格：黄底色之上，以橙色组成块面和古典图案，同类色相加，形成一种和谐、厚重的感觉；文字部分用黑色。古典图案是神话中的一些小天使。

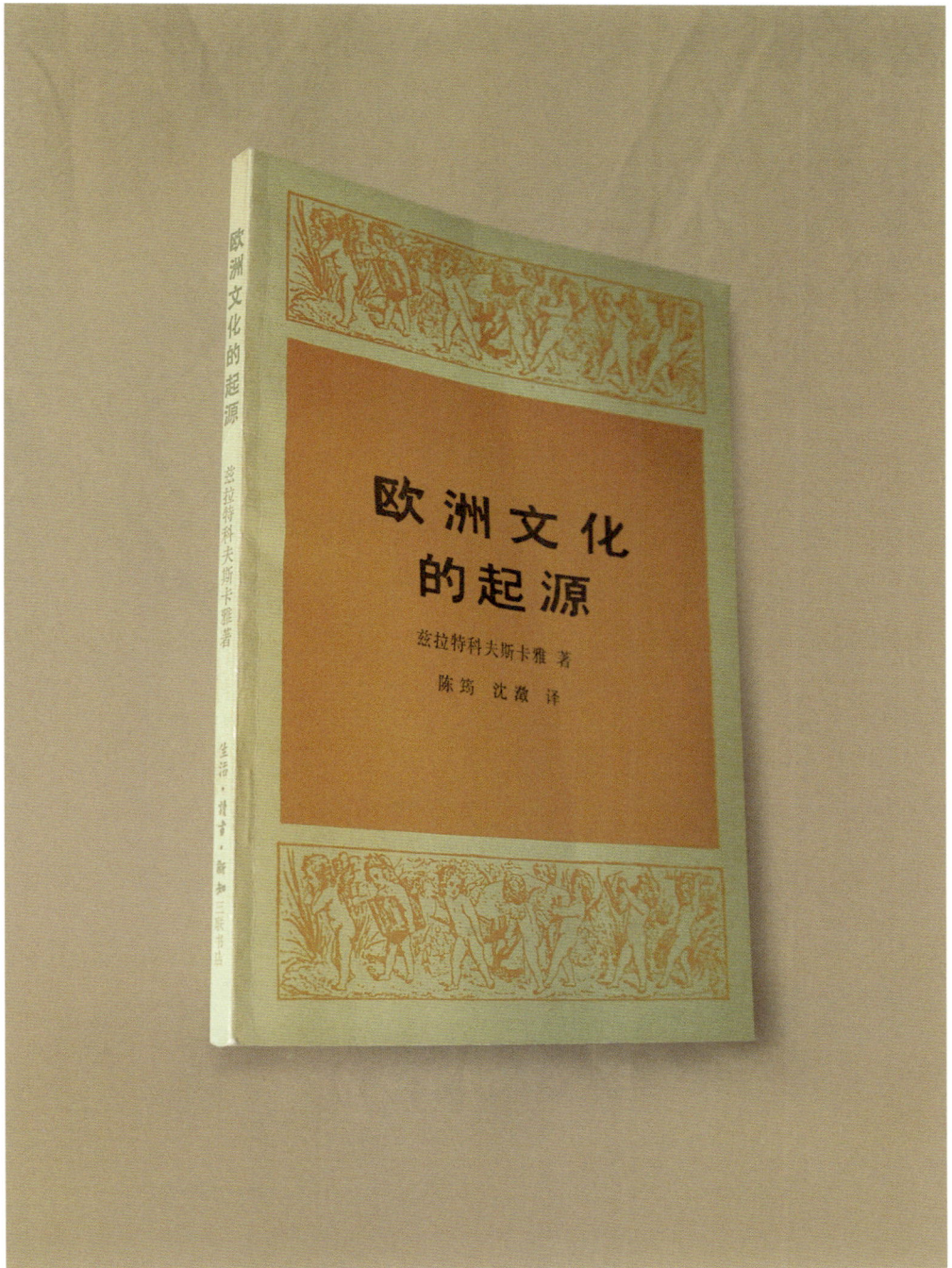

欧洲文化的起源

兹拉特科夫斯卡雅 著

陈筠 沈澈 译

图15. 昔加拉底群岛的竖琴家石像。

个谷仓,排列在一个院的三面,其第四面是大门。这种雕塑所以特别有意义,是因为这时居民点的资料非常罕见。众所共知,有些居民点是围着城墙的,且有塔楼,建筑物则是常见的麦加伦型。尤其著名的是古昔加拉底的坟墓;这是不大的墓,有叠石的圆顶;由狭窄的走廊——跑道(dromos)引进墓室。

七 公元前 3000 年代爱琴地区的居民

公元前3000年代希腊和其他爱琴地区的居民问题是一个

78

——较复杂的问题。物质文化遗物和泰……这个问题的材料。尽管这些地区的整……的特点,但是它们文化的共同性……程度得更为清楚。这种共同性表现在……上和陶器、石器、金属器的形式上……方面探出了一定的共同性。也……成小亚细亚希腊底早期居民的语言,也……息,学者指出,爱琴世界所有地区……域、岛屿的名称,以及一些别的词语,……果其他印度欧罗巴语本来所没有的,……系,萨钦图斯(Zacynthos)、梯伦等,高……伊、赫尔莫那萨、哈里卡纳苏等,都有……然保存在于上古希腊的地名中,那时……欧罗巴语系。此外应当补充,古希……上古居民不是希腊人,并把这些古居……里亚人或勒列吉人。

这一切使我们有理由认为,上古……不是希腊人,显然,住在小亚细亚西……与上述非希腊语的居民相近,他们……前述后缀-nth-的方言,这在小亚细……

① 有这些后缀的名称可见于爱琴都巴尔……半岛多瑙河沿岸,这些地方物质文……之处。

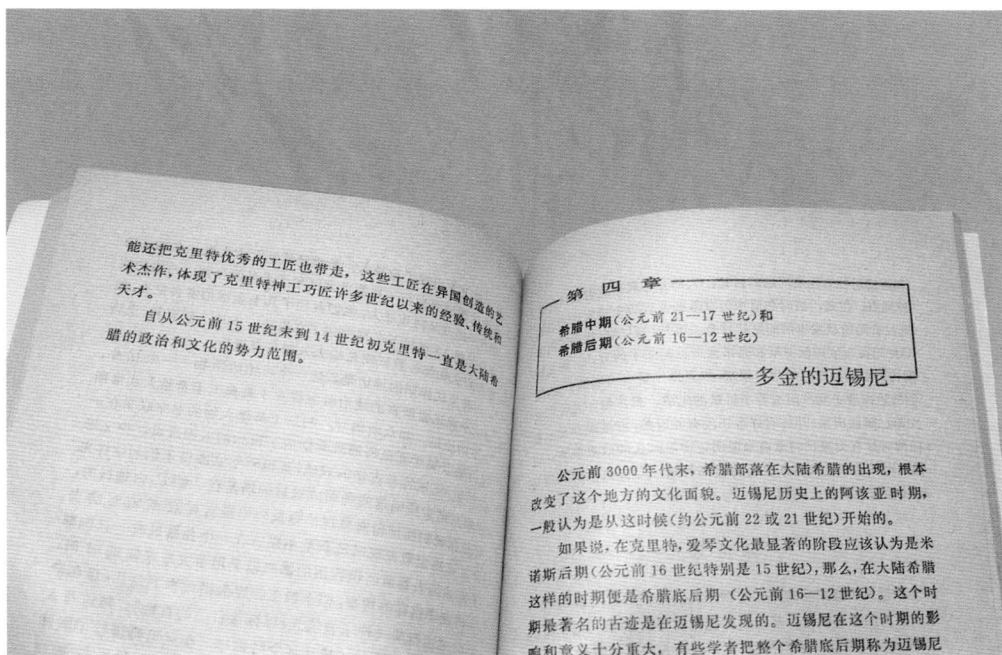

能还把克里特优秀的工匠也带走，这些工匠在异国创造的艺术杰作，体现了克里特神工巧匠许多世纪以来的经验、传统和天才。

自从公元前 15 世纪末到 14 世纪初克里特一直是大陆希腊的政治和文化的势力范围。

第 四 章

希腊中期（公元前 21—17 世纪）和
希腊后期（公元前 16—12 世纪）

——多金的迈锡尼——

公元前 3000 年代末，希腊部落在大陆希腊的出现，根本改变了这个地方的文化面貌。迈锡尼历史上的阿该亚时期，一般认为是从这时候（约公元前 22 或 21 世纪）开始的。

如果说，在克里特，爱琴文化最显著的阶段应该认为是米诺斯后期（公元前 16 世纪特别是 15 世纪），那么，在大陆希腊这样的时期便是希腊底后期（公元前 16—12 世纪）。这个时期最著名的古迹是在迈锡尼发现的。迈锡尼在这个时期的影响和意义十分重大，有些学者把整个希腊底后期称为迈锡尼

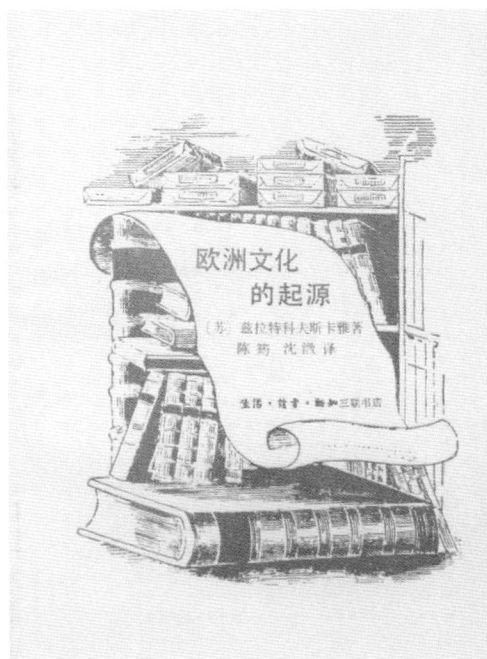

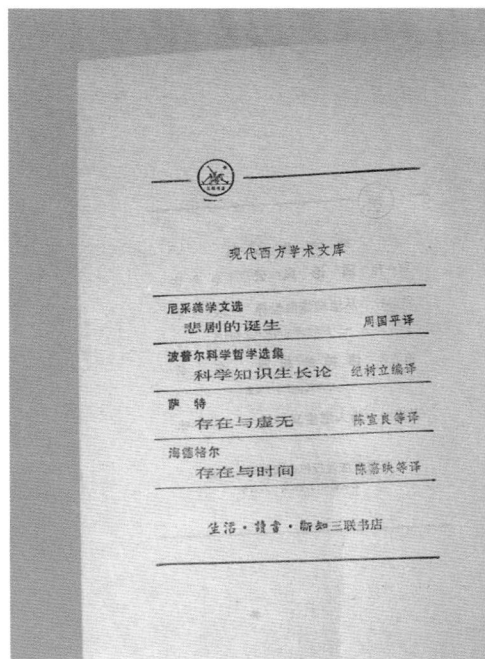

番石榴飘香

加西亚·马尔克斯、门多萨著，林一安译，1987年8月第一版，32开，平装，定价1.20元。

拉丁美洲的重要文学流派"魔幻现实主义"对中国文坛影响巨大，本书是其代表人物，1982年诺贝尔文学奖得主，哥伦比亚作家马尔克斯同另一位哥伦比亚作家、新闻记者门多萨的谈话记录。对话涉及马尔克斯生平和创作实践、他最初的文学训练、所受的文学影响以及对自己作品的剖析和对魔幻现实主义作品的解读。

"文化生活译丛"之一。"文化生活译丛"是三联书店1984年6月开始推出的，一直延续到现在，已经二十多年了。我设计了一种简洁而庄重的封面，有鲜明的风格，很实用。这一形式的封面用了多年，出版了数十种书。都是些有趣味的译作。

番 石 榴 飘 香

加西亚·马尔克斯、门多萨著

林一安译

文化生活译丛

XVIII

思想家

麦基编，周穗明、翁寒松译，1987年12月第一版，32开，平装，定价2.70元。

　　20世纪70年代中期，英国广播公司播放了十五集电视系列节目，请十几位著名的西方哲学家在节目中同广大观众见面，进行哲学对话。本书是这些对话的汇编。"文化生活译丛"之一。

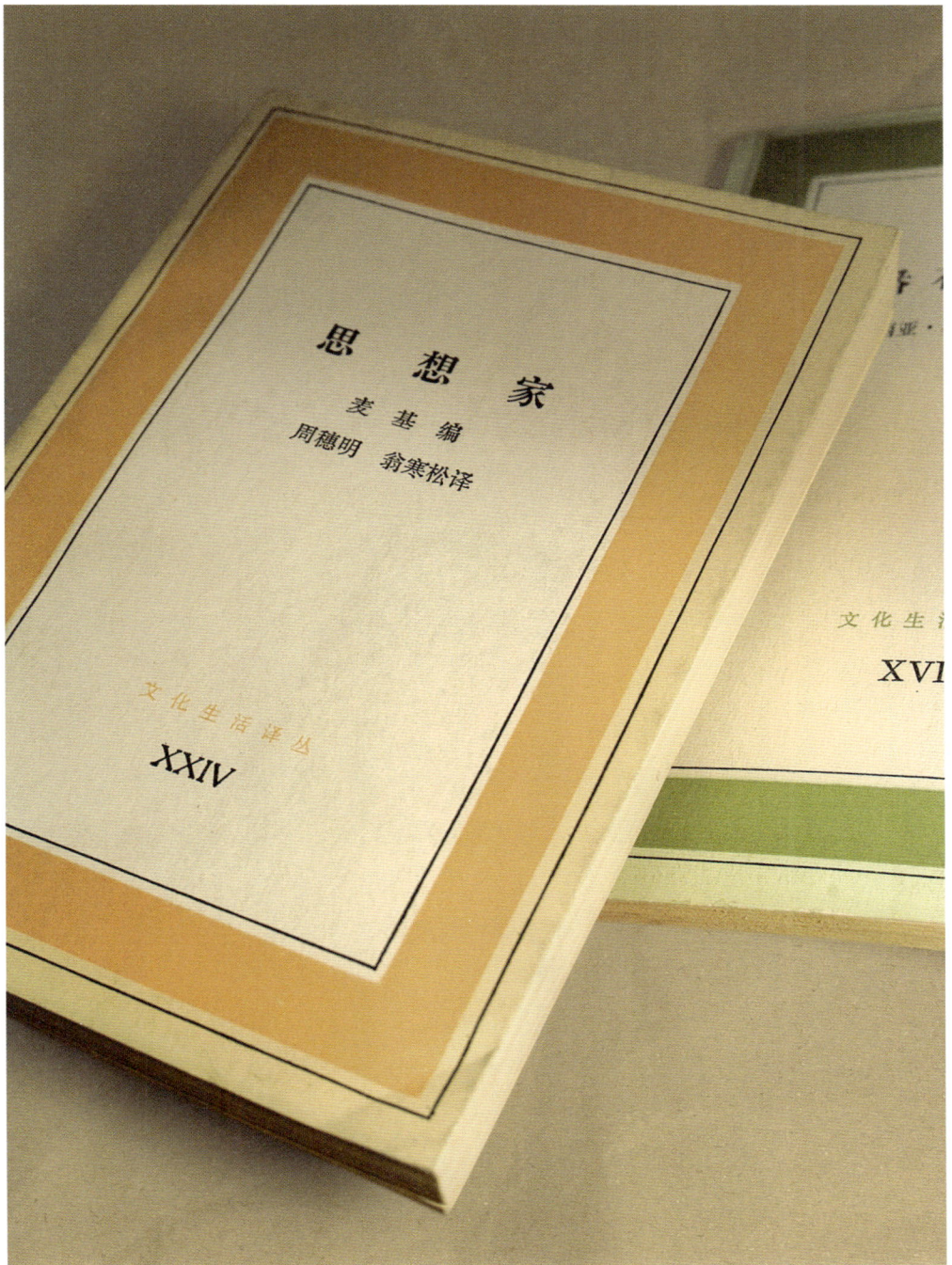

思　想　家

麦　基　编

周穗明　翁寒松译

文 化 生 活 译 丛

XXIV

思 想 家

麦基编

周穗明 翁寒松译

文化生活译丛

XXIV

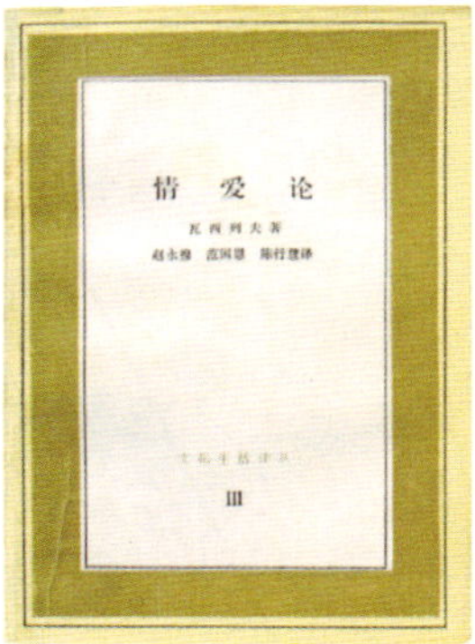

ISBN 7-108-00001-0/B·1

书号 2002-326 定价 2.70 元

情 爱 论

瓦·西列夫

赵永穆 范国恩 陈行慧译

文化生活译丛

III

彼 得·潘

巴 里

杨静远 顾 耕译

文化生活译丛

书 和 画 像

邵吉尼采·安尔斯泰 著

叶灵凤译

文化生活译丛

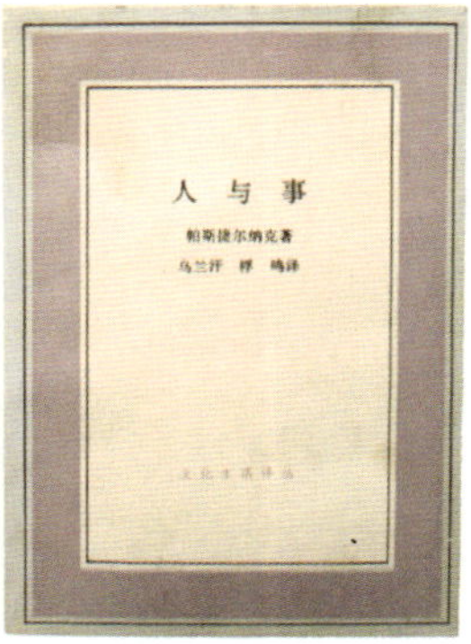

人 与 事

帕斯捷尔纳克著

乌兰汗 桴 鸣译

文化生活译丛

叶雨书衣

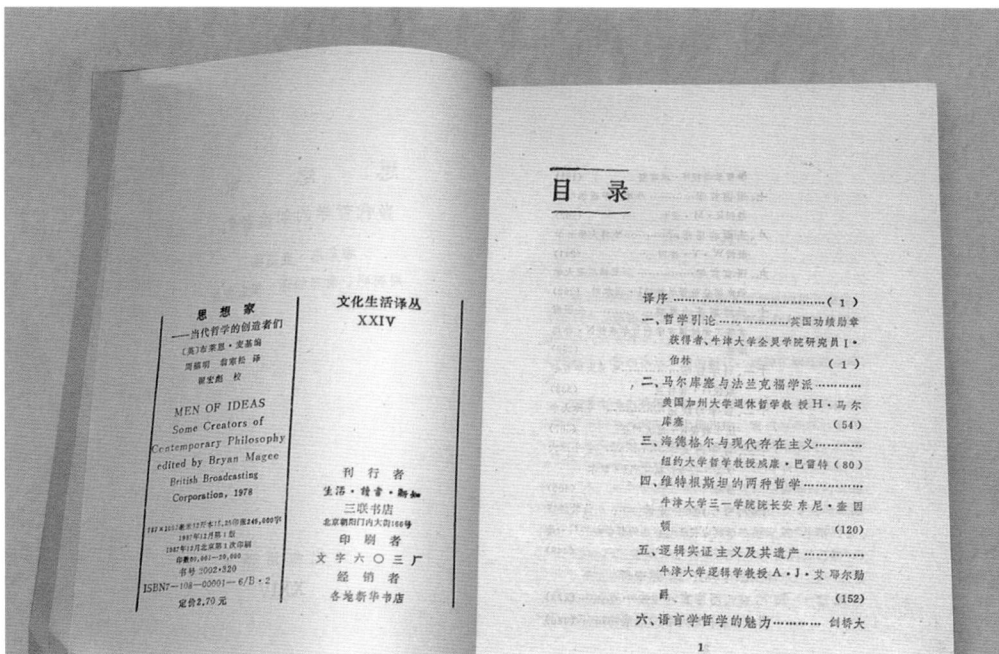

思想家
——当代哲学的创造者们

[英]布莱恩·麦基编
周穗明 翁寒松 译
崔宏桂 校

MEN OF IDEAS
Some Creators of
Contemporary Philosophy
edited by Bryan Magee
British Broadcasting
Corporation, 1978

ISBN7-108-00001-6/B·2
定价2.70元

文化生活译丛
XXIV

刊行者
生活·读书·新知
三联书店
北京朝阳门内大街166号
印刷者
文字六○三厂
经销者
各地新华书店

目 录

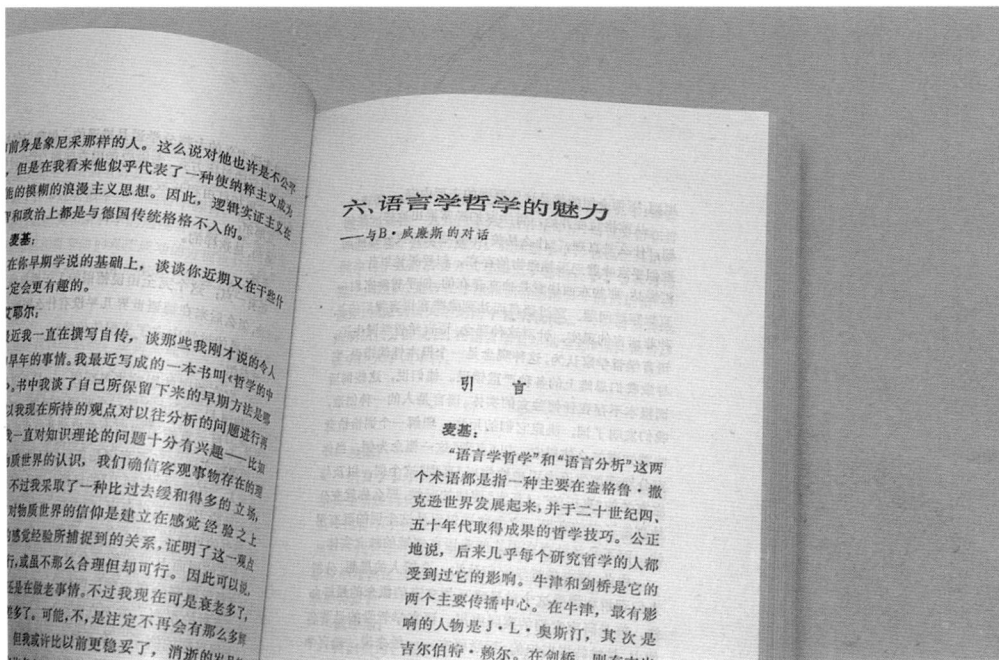

1

前身是象尼采那样的人。这么说对他也许不公平，但是在我看来他似乎代表了一种使纳粹主义成为…的摸糊的浪漫主义思想。因此，逻辑实证主义在…和政治上都是与德国传统格格不入的。

麦基：

…在你早期学说的基础上，谈谈你近期又在干些什…一定会更有趣的。

艾耶尔：

…我一直在撰写自传，淡那些我刚才说的令人…早年的事情。我最近写成的一本书…书中我谈了自己所保留下来的早期方法…以我在所持的观点对以往分析的问题进行…一直对知识理论的问题十分有兴趣——比…质世界的认识，我们确信客观事物存在…不过我采取了一种比过去缓和得多的立场…对物质世界的信仰是建立在感觉经验之上…感觉经验所捕捉到的关系，证明了这一观点…行，或显不那么合理但却可行。因此可以说…是在做某件事情。不过我现在可是变老多了…老了。可能，不，是注定不再会有那么多…但我现在也许比以前更稳妥了，消逝的…

六、语言学哲学的魅力

——与B·威廉斯的对话

引 言

麦基：

"语言学哲学"和"语言分析"这两个术语都是指一种主要在盎格鲁·撒克逊世界发展起来，并于二十世纪四、五十年代取得成果的哲学技巧。公正地说，后来几乎每个研究哲学的人都受到过它的影响。牛津和剑桥是它的两个主要传播中心。在牛津，最有影响的人物是 J·L·奥斯汀，其次是吉尔伯特·赖尔。在剑桥，则…

读书

月刊，1979 年 4 月创刊，32 开。

以书为中心的综合性文化思想评论刊物。陈翰伯、陈原、范用、倪子明、冯亦代、丁聪等人创办。

我和丁聪是在北京认识的。解放后，批"二流堂"时，在文化部大礼堂开会。散会时，他在前面走，我就跟上去跟他套近乎。"二流堂"的人都是我的好朋友。《读书》杂志创刊，把丁聪"抓"来设计，包括版式（那时设计封面和设计版式是分开的）。他喜欢画版，当年上海出版《清明》，版式、插图，都是他画。他的版式很有特色，或加一个框，或加点儿线条，很节约版面，差不多总是塞得满满的，而又不失美观，成为《读书》的独有风格。

在中国恐怕找不出第二个，请一位大名鼎鼎的漫画家画版式。这一画，就画了快三十年。如今丁聪九十岁了，仍是他画《读书》的版式。

这几期《读书》的封面为什么是我设计的，记不清了，也许是急着出刊吧。我的许多封面设计都是这样做出来的，一时不凑手，我就上阵了。我的设计很简单，找张粗糙的纸和几支蜡笔画一画。很细致的我画不了。我不会用那个鸭嘴笔。

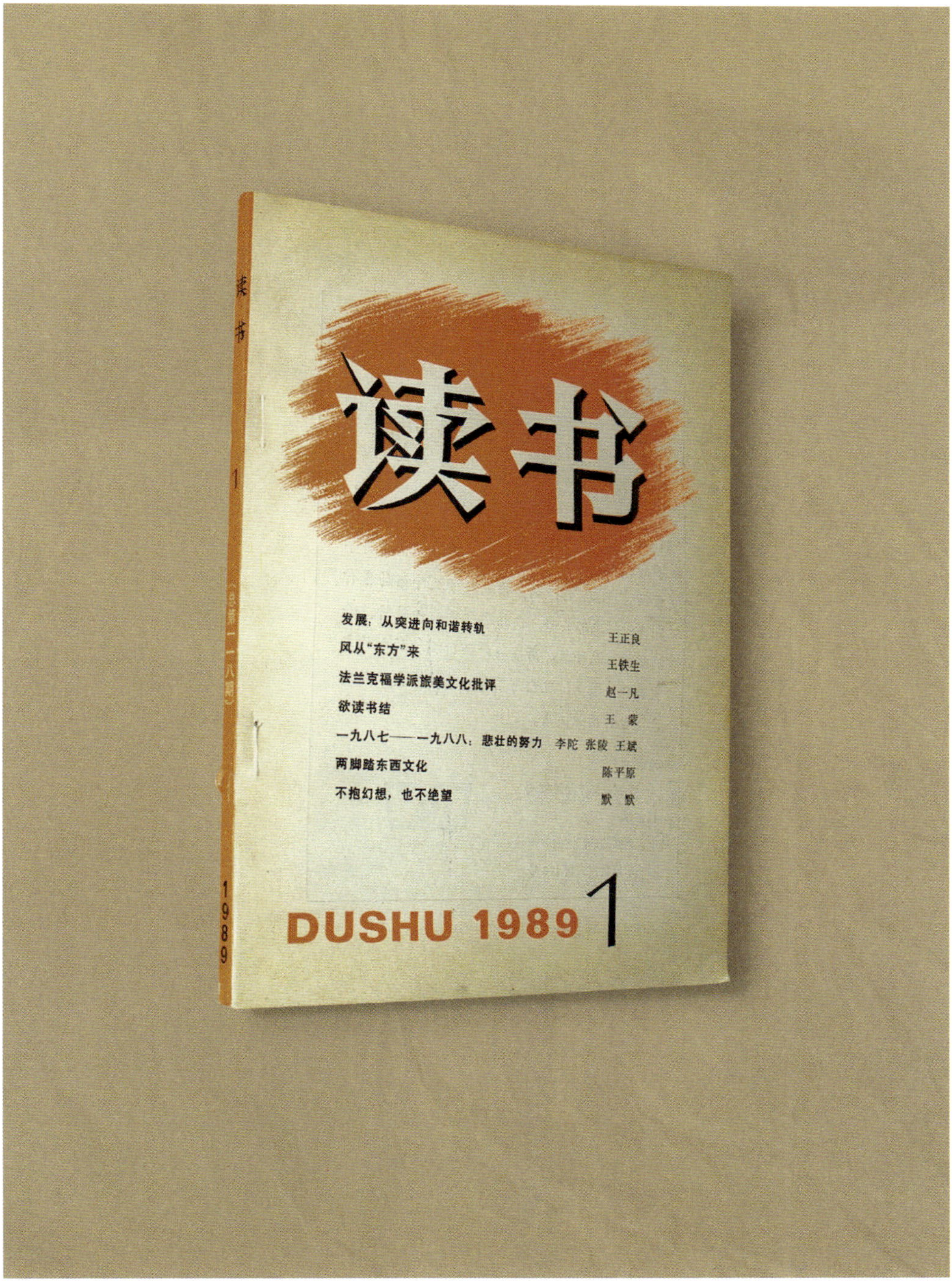

读书

发展：从突进向和谐转轨　　　　　王正良
风从"东方"来　　　　　　　　　　王铁生
法兰克福学派旅美文化批评　　　　赵一凡
欲读书结　　　　　　　　　　　　王蒙
一九八七——一九八八：悲壮的努力　李陀 张陵 王斌
两脚踏东西文化　　　　　　　　　陈平原
不抱幻想，也不绝望　　　　　　　默默

DUSHU 1989 1

1989

（总第一一八期）

叶雨书衣

范用设计的 1989 年第一期《读书》的封底广告　　　　范用设计的 1990 年第一期《读书》的封底广告

丁聪设计的《读书》内文版式

翠墨集

黄裳著，1985 年 12 月第一版，32 开，平装，定价 1.60 元。

　　题跋集，卷首有书影八幅。书话系列之一，封面和扉页仍旧
选用我藏的花笺装饰，书名作者自书。

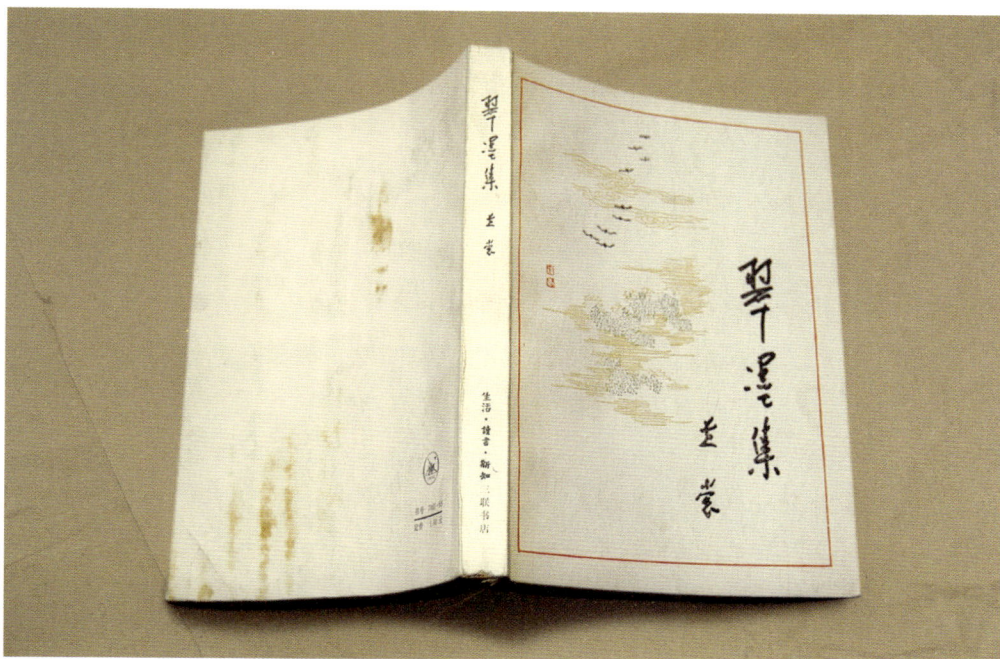

书林新话

曹聚仁著，1987年12月第一版，32开，平装，定价1.95元。

关于书的书，三联书店出版了十多种。

书话集总得有书卷气。这十多种书，避免用一个面孔，连丛书的名称都不用，但形式基本统一。封面用作者自己的字，然后选一张旧的花笺做装饰。扉页用一幅作者的手稿。我有许多花笺，不舍得用，用来做设计。

关于书的书就是讲书的故事、书是怎样出版的、书的插图等。这套书全是我经手的，作者都是我的朋友。黄裳写文章还谈到这套书。

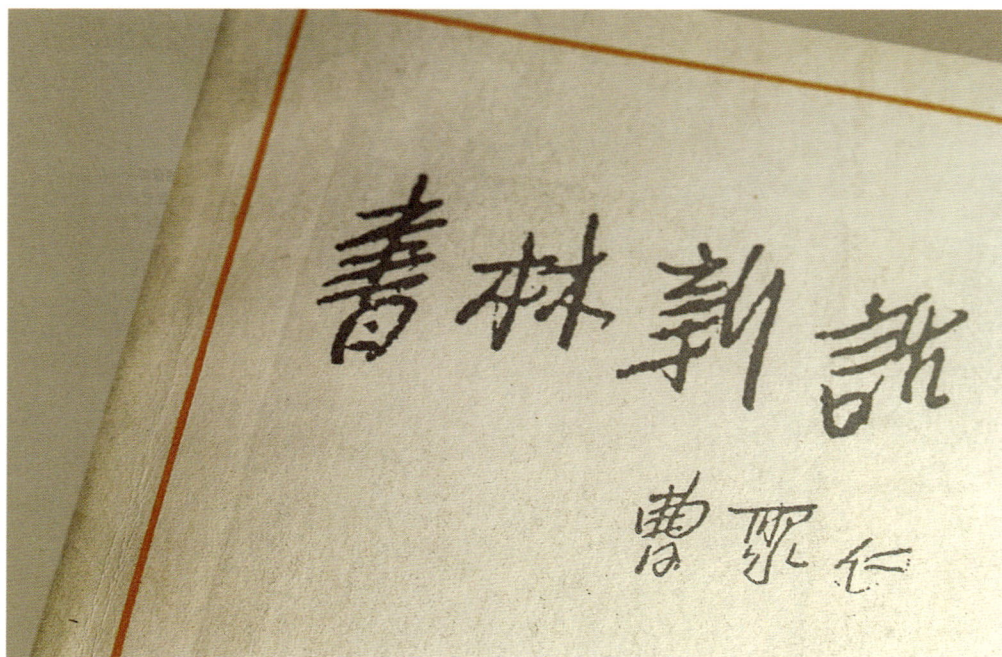

　　　　叶雨书衣

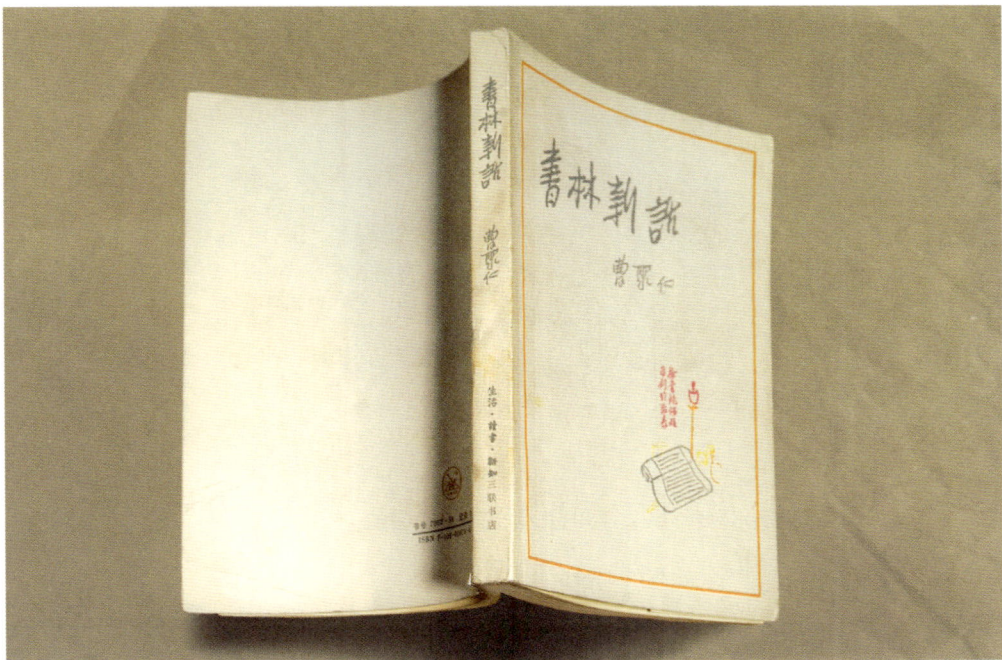

读书随笔（三册）

叶灵凤著，1988 年 1 月第一版，32 开，平装，三册定价分别为 2.60 元、2.50 元、2.35 元。

　　共收入作者随笔三百四十八篇，译文附录八篇。写作年代自 20 世纪 20 年代至 70 年代。

　　这三本书我设计封面时都用了比亚兹莱的插图，有西洋书的味道。关于比亚兹莱，叶灵凤写了四篇文章，分别介绍比亚兹莱其人、其画、其散文、其书信。叶灵凤读书很多，知识面很宽，他的随笔涉及文艺的各个方面。

　　我在香港见过叶灵凤。那时很多人对他有误解。香港陷落时，他没离开，还在报上发表有关文艺知识的小文章，有人就骂他是汉奸文人。我说他不是"汉奸文人"，而只是个"文人"。文人要吃饭，只好写文章。他没写过汉奸文字。

　　叶灵凤的小品文写得好极了，没有人像他那样认真、细心地写东西。他的作品很多。他在香港一直靠卖文章为生，所以不断地写。

读书随笔（三册）　　　55

这三本书出版时，叶灵凤已经去世十三年了。我去香港见了叶夫人，她和女儿给了我一大包叶灵凤先生的文章剪报，未曾结集出版的，如今仍在我这里。这些剪报上还有叶灵凤修改的地方。叶夫人还送了我几本叶灵凤的藏书，几本 20 世纪初英国、法国和美国出版的有关插图和书籍设计的书，书的封里都有叶灵凤的藏书票。这枚藏书票漂亮极了，可惜不知作者是谁。台湾吴兴文要出版有关藏书票的书，看中这一枚，我只好从这几本书中揭下一枚交给他。吴兴文高兴得像拿着宝贝一样走了。

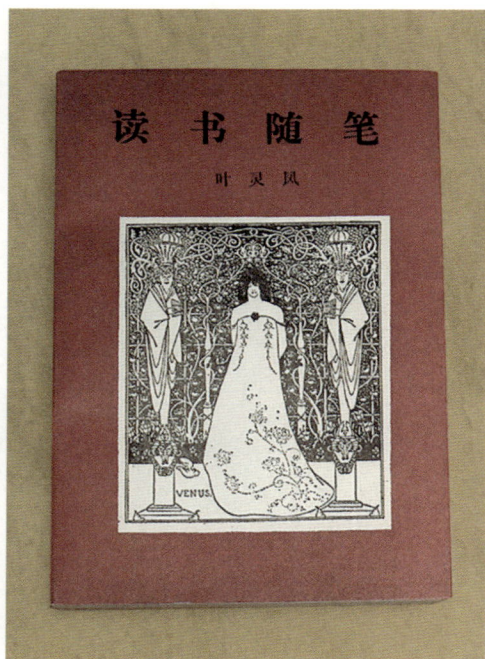

我设计这三册书，一册是绛红色，一册是蓝色，一册是米黄色，但印刷厂老是印不准。书出版后，在京的叶灵凤的老朋友们专门聚了一次，并在毛边本样书上签名纪念。签名上面的题记是黄苗子写的。

签名的人中，有一半现在已经过世了。

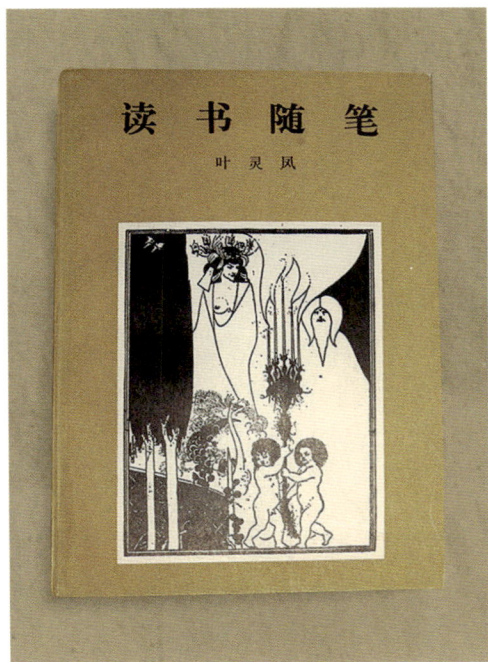

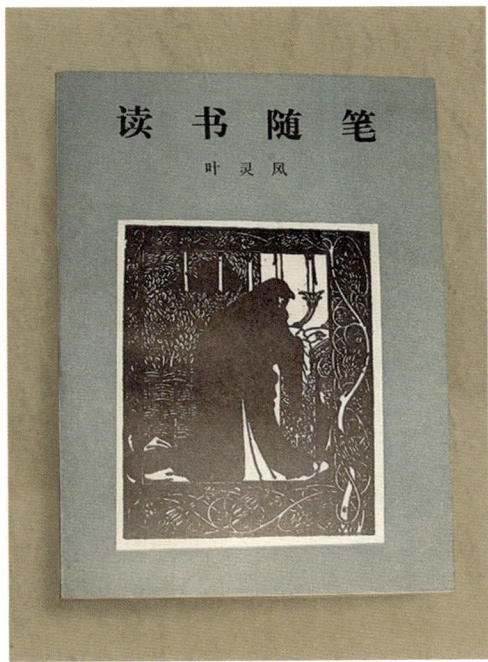

《读书随笔》出版后，在京的叶灵凤的老朋友们专门聚了一次，并在毛边本样书上签名纪念。签名上方的题记是黄苗子写的。

签名的人中，有一半现在已经过世了。

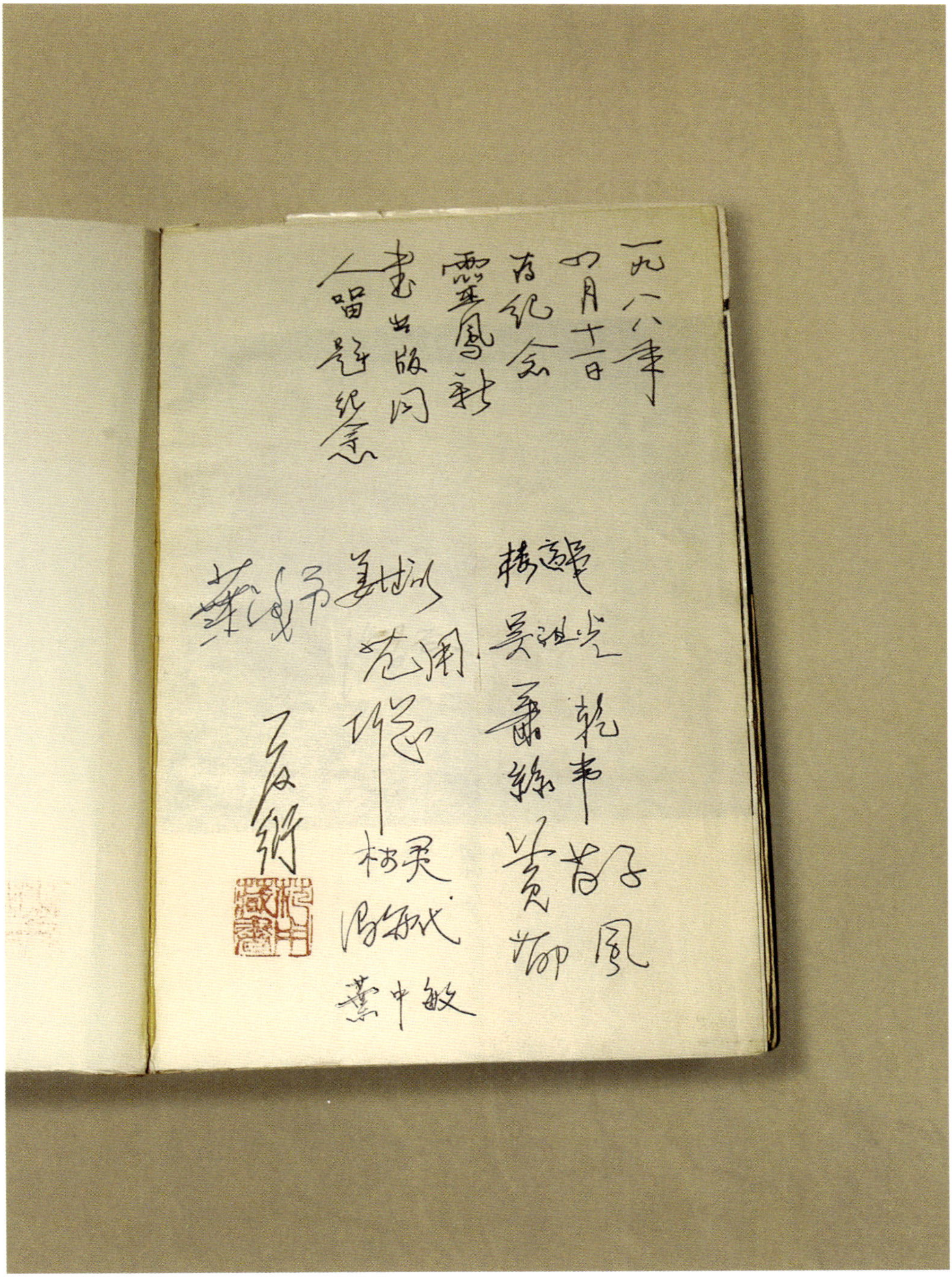

一九八八年
四月十二日
为纪念
灵凤社
书出版问
人留题纪念

叶雨书衣

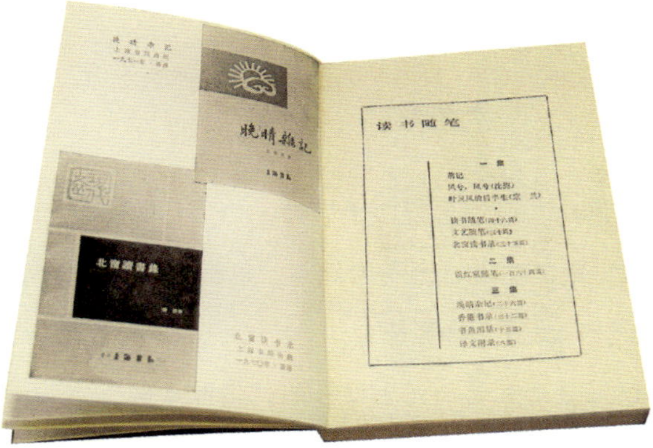

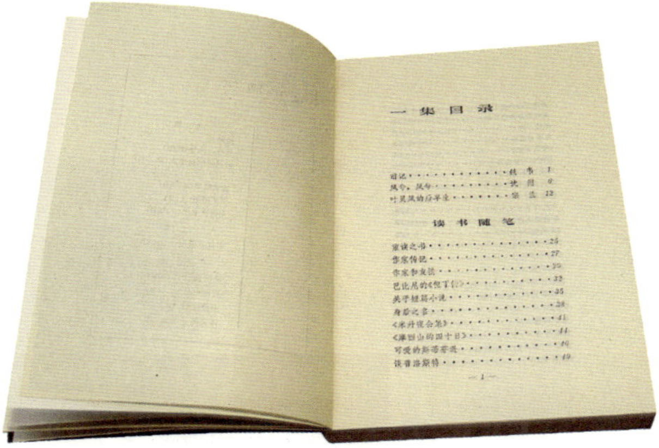

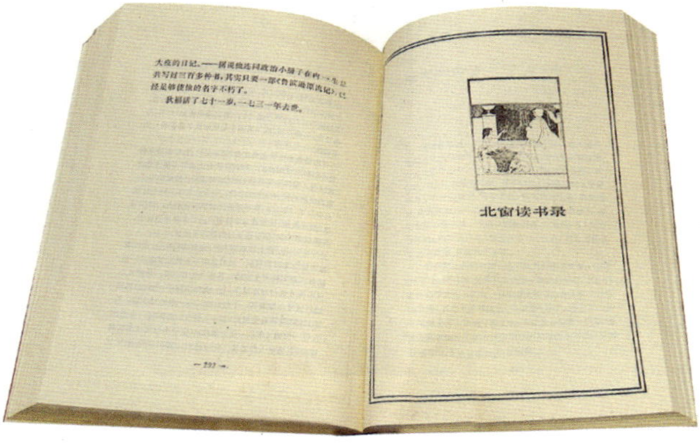

西谛书话

郑振铎著，1983年10月第一版，32开，平装，定价2.40元。

辑自遗著，凡二八〇篇，近四十万言。内容广泛，涉及唐代至清代文学艺术古籍：珍本、刻本和抄本，包括小说话本、杂剧、诗词、杂记、版画。附有书影多幅。

这本书的包封是请钱君匋先生设计的，请叶圣陶先生题了书名并写序，硬壳封面设计者是李玉坤，我设计了扉页。设计时找到一张郑振铎先生《漫步书林》的目录手稿，作为图案印在扉页上。

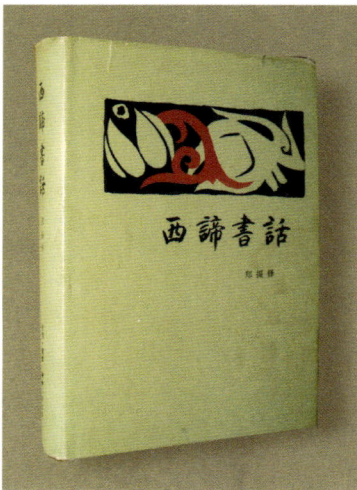

钱君匋设计的封面

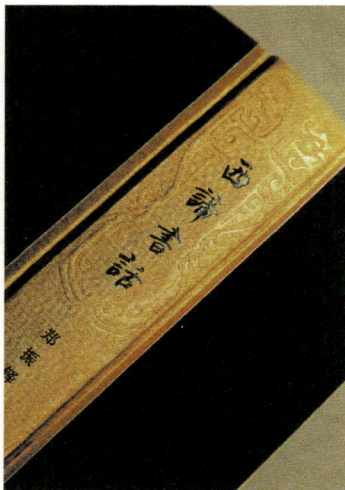

李玉坤设计的硬封

范用设计的扉页

天下真小

董鼎山著，1984年5月第一版，32开，平装，定价2.00元。

"读书文丛"之一。这是一本通讯集，汇集作者在《读书》杂志和香港《大公报·大公园》上发表的文章。内容涉及书、文学、作家、出版界情况的，大都发在《读书》上；内容涉及个人经验、遭遇、感触、思念、回忆之类的，多半发表于《大公报》。

作者在国外多年，1978年秋回国，时《读书》杂志正在筹办，其编委之一冯亦代就请他写文章介绍国外读书情况，由此作者开始恢复中文写作，直至"欲罢不能"。在《读书》上的专栏名为"纽约通讯"。

董鼎山是我的老朋友。当年我们编《读书》，有一个不成文的想法，就是要发表读书人写给读书人看的文章。董鼎山的文章即属此类。

"读书文丛"是一套坚持多年的丛书，前后出了数十种，《天下真小》是第三种。封面只有两色，印在白地上。有装潢作用的，一是作者签名，二是作者手稿影印，三是有一个标志——一个坐着看书的女人剪影。我有一本从法国买回来的版画集，后来被人借走，不知下落，但画集的包封留下来，上面有这个图案，我就请美术组的宁成春改了一下，用在"读书文丛"的封面上。文丛中都是小文章，就用了窄32开的小本。

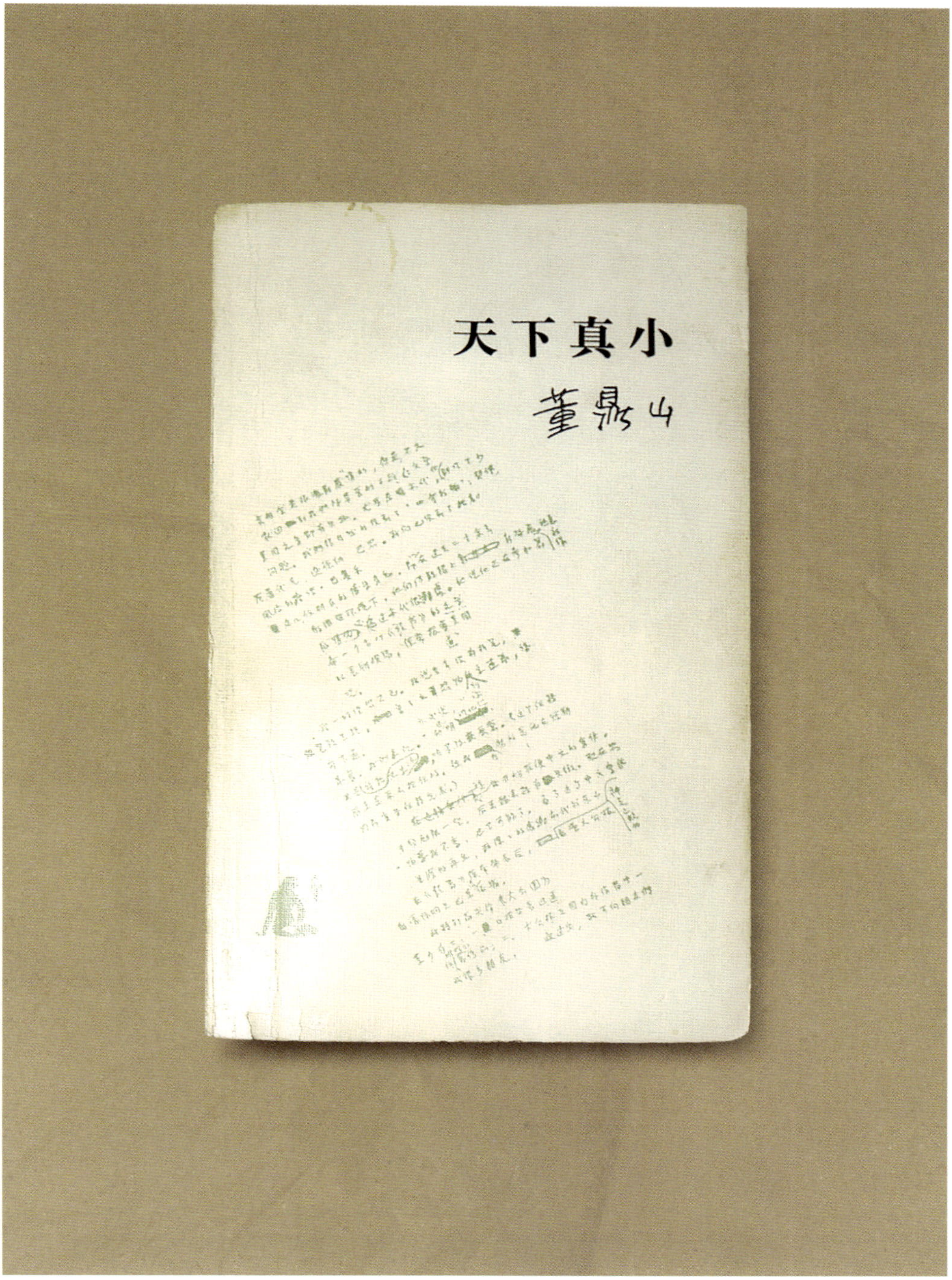
天下真小
董鼎山

西窗漫记

董鼎山著，1988 年 6 月第一版，32 开，平装，定价 3.00 元。

收入五十篇通讯，是《天下真小》的续集。书前有冯亦代写的《序》。

西窗漫记

董鼎山

未晚斋杂览

吕叔湘著，1994年3月第一版，"读书文丛"之一，窄32开，平装，定价3.80元。

作者年过八旬后的读书札记结集，曾在《读书》杂志以同名专栏陆续发表。

这套书是窄本32开，斜着用作者手稿为主要图案，另外加一个丛书标记：一个女子坐着读书，书摊开在腿上，边上有一只飞鸟。

手稿和标记每本书颜色不同。这个标记是我从一本外国画册里找来，宁成春修改定型的。

未晚斋杂览

十二象

流沙河著，1987 年 6 月第一版，32 开，平装，定价 1.70 元。

  包括《诗中有画》《十二象》两组文章，书后附录《艺术的象征》。《诗中有画》二十八篇，1983 年起在《成都晚报》副刊连载；《十二象》十二篇，1984 年在四川《星星》诗刊连载。

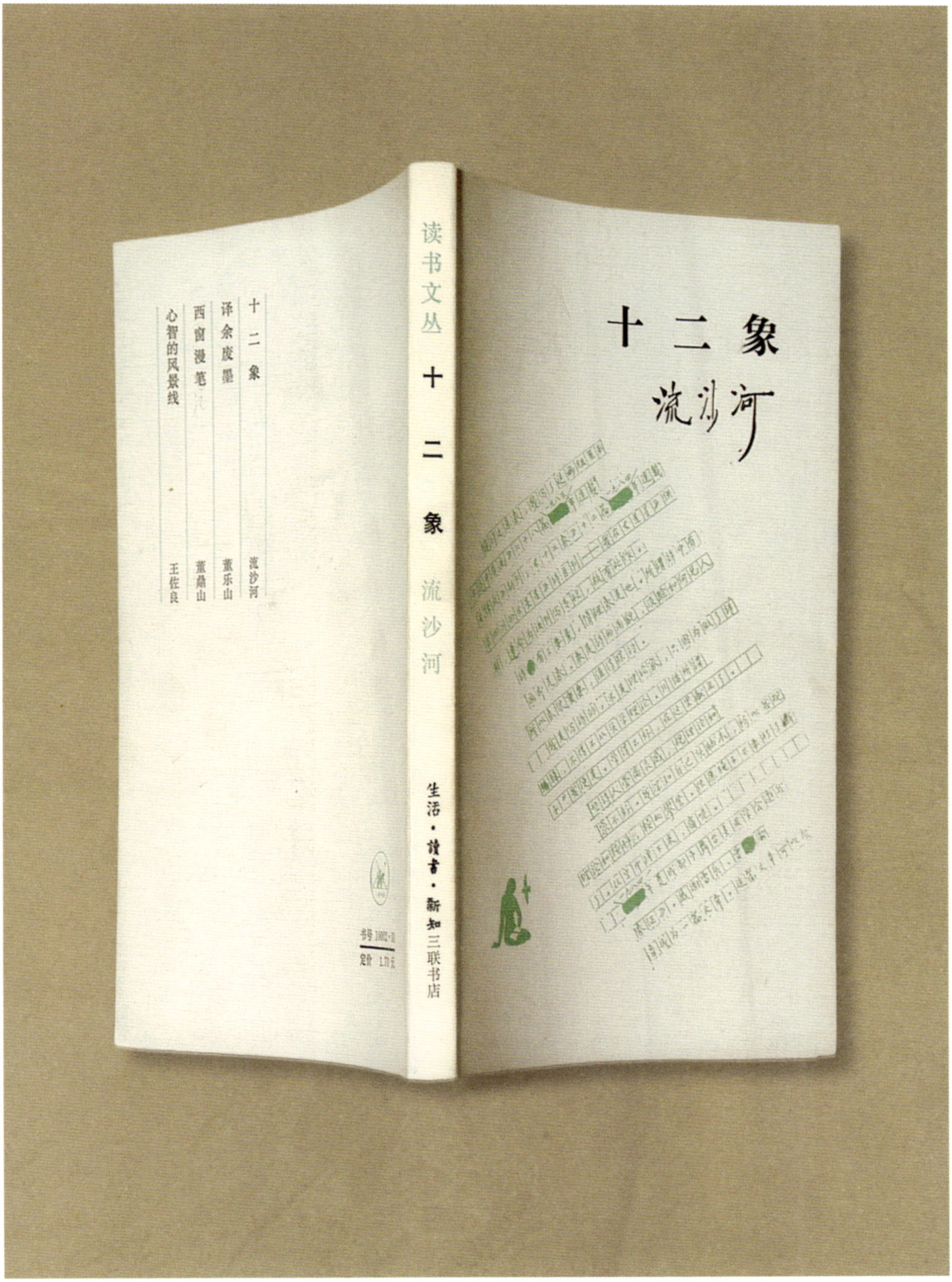

读书文丛

十
二
象

流沙河

生活·读书·新知三联书店

书号 1002·8
定价 1.70元

十
二
象

流沙河

读书文丛 未晚斋杂览 吕叔湘

读书文丛 十二象 流沙河

读书文丛 译余废墨 董乐山

读书文丛 西窗漫记 董鼎山

读书文丛 天下真小 董鼎山

生活·

生活

生活

叶雨书衣

读 · 书 · 文 · 丛

十 二 象

流 沙 河

译余废墨

董乐山著，1987年5月第一版，"读书文丛"之一，窄32开，平装，定价1.55元。

作者多年翻译经验的总结，以及译事之余撰写的关于中外文化交流的文章。

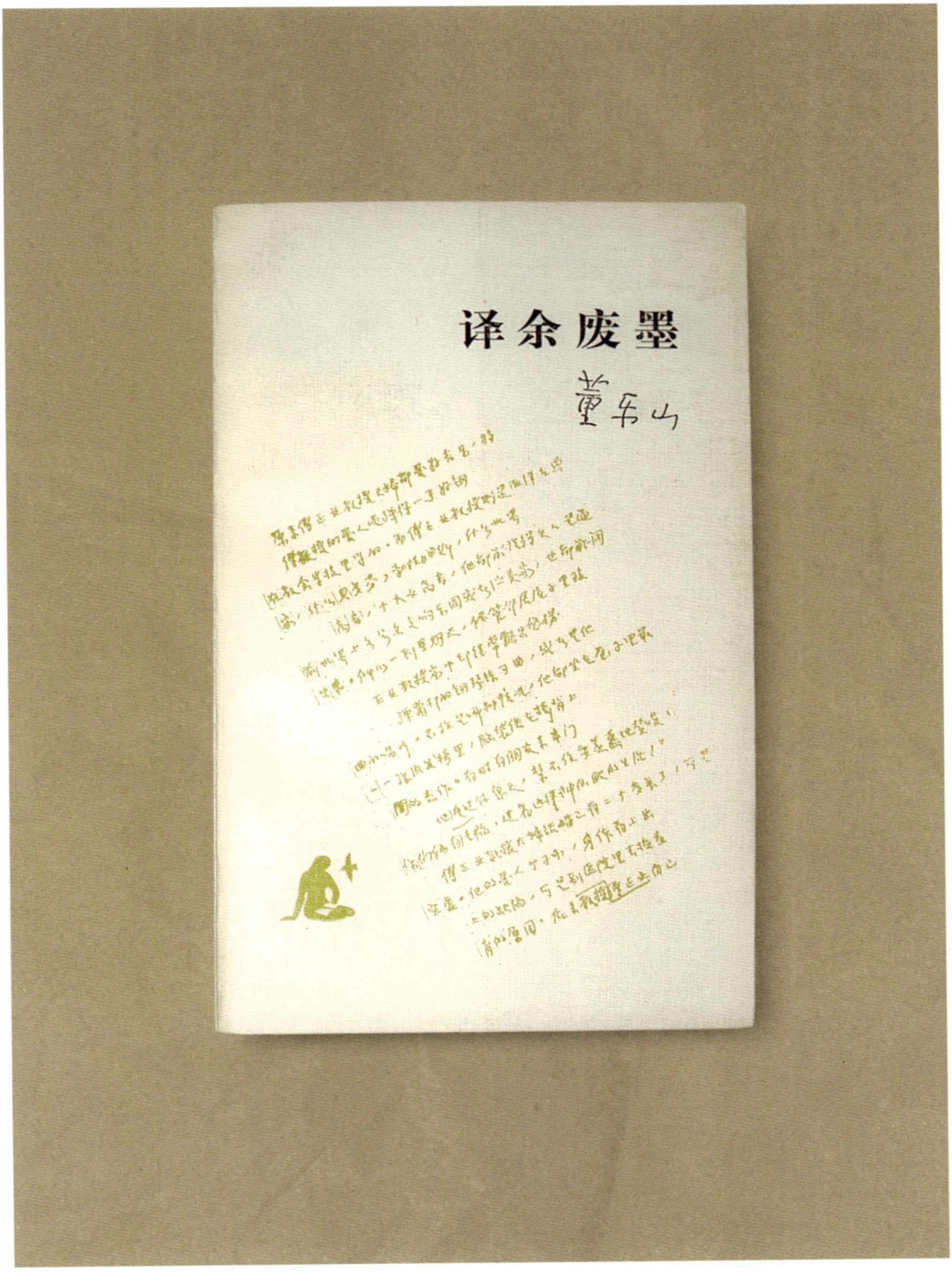
译余废墨
董乐山

旧学新知集

金克木著，1991年10月第一版，大32开，平装，定价4.80元。

　　作者从旧学的基础出发，探求新知，以域外新知治中国旧学。

　　封面上选了三只凤凰的图案，似乎是借用凤凰涅槃的典故，喻旧学再生。

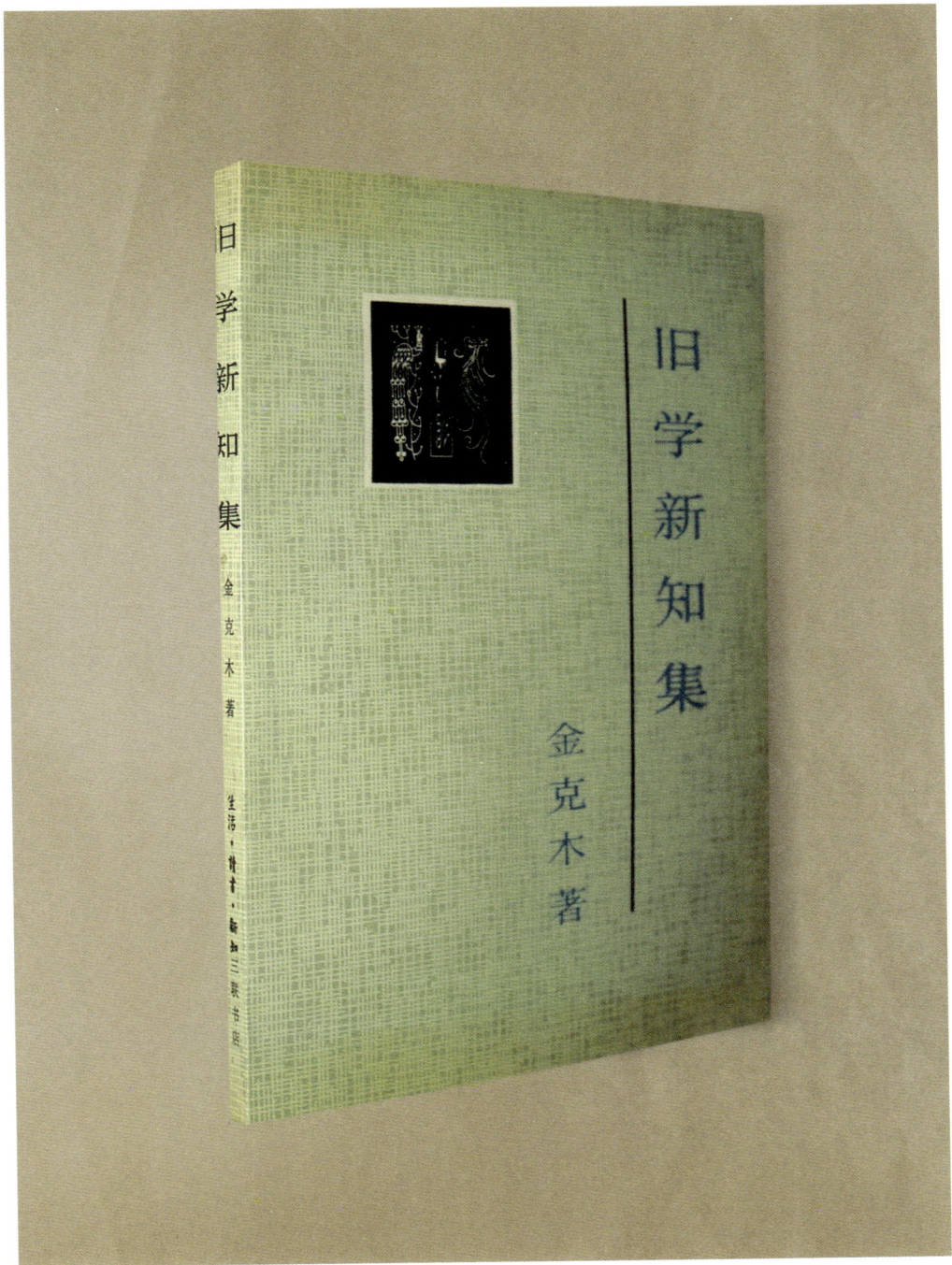

旧学新知集

金克木著

生活·讀書·新知三联书店

香港方物志

叶灵凤著，1985 年 12 月第一版，32 开，平装，定价 1.60 元。

　　著者 1956 年写的散文随笔，原发表在香港《大公报·副刊》上。

　　　　叶雨书衣

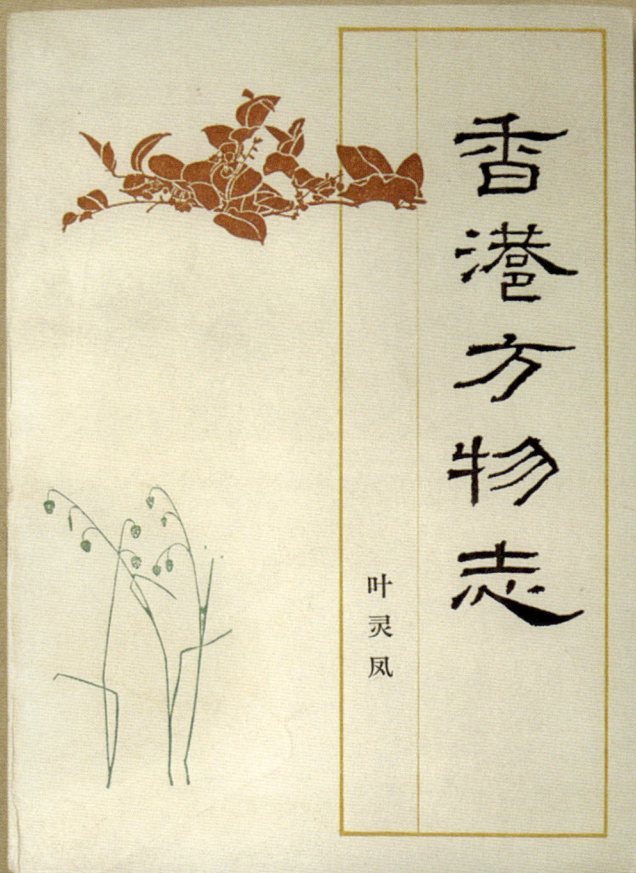

香港方物志

叶灵凤

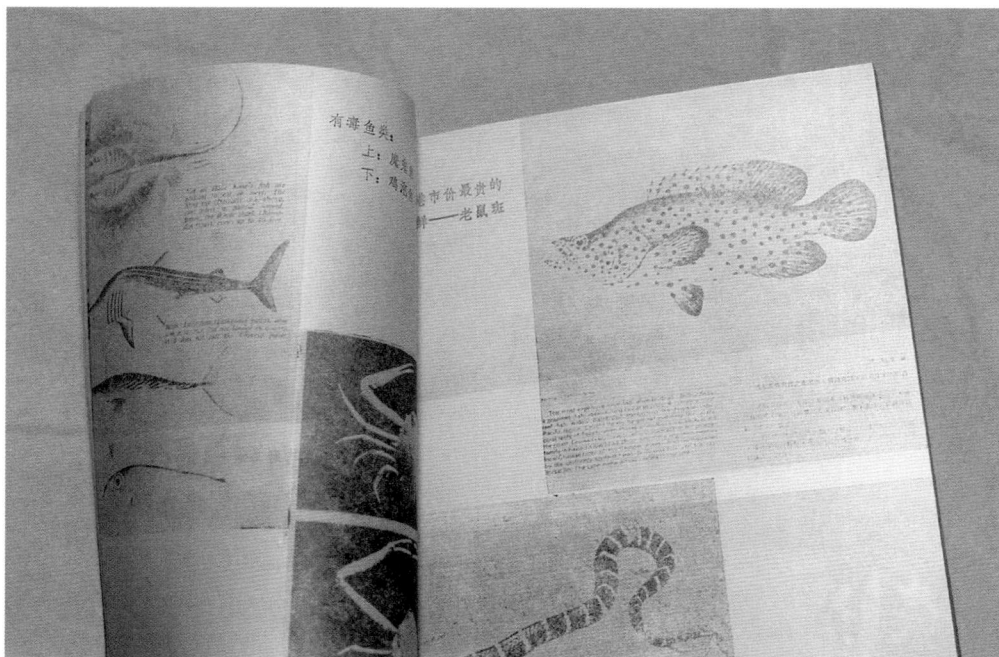

有毒鱼类:
上:扁美...
下:鹏流市场市价最贵的
　　鲫——老鼠班

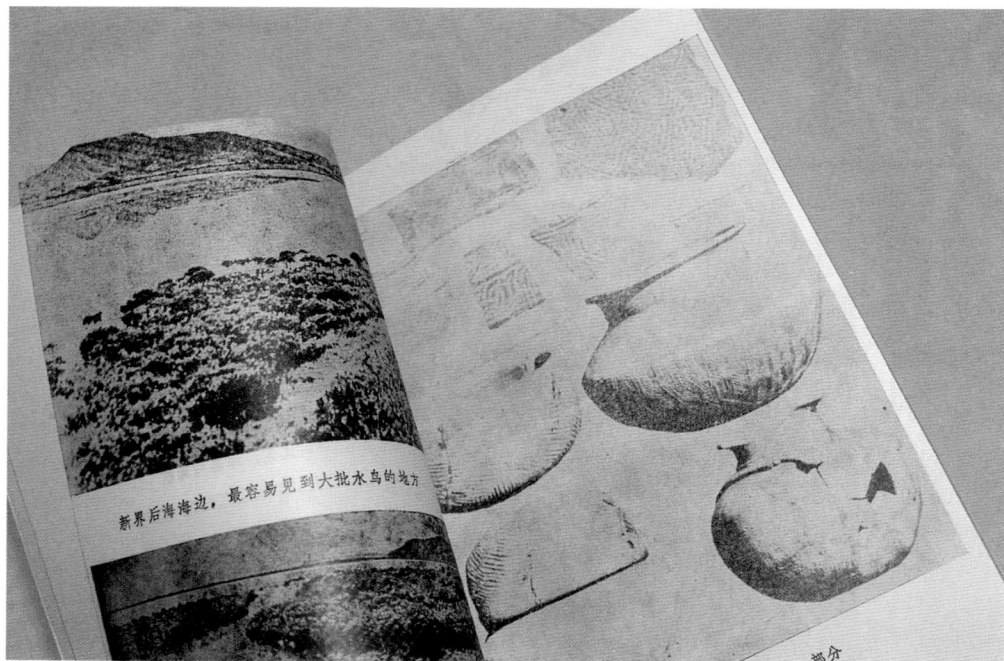

新界后海海边，最容易见到大批水鸟的地方

……港繁殖得这样迅速的一种蜗牛。原因在一九四……中，接着就发生战争，为了数量不多，于是在三年争……会，谁还会顾到蜗牛。等到战后发现它们已经成了花木鱼……时，早已无法扑灭了。

这种非洲蜗牛，据说可以产十几年的……上就能产卵。每一只蜗牛，它们是雌雄同体的，所以……它们在夏天雨季的全部新鲜嫩苗，可以……地的全部新鲜嫩苗的食欲特别强，可以……

非洲蜗牛的繁殖路线很有趣，常常在……带印度洋的毛里西亚岛作殖民，……锡兰又传到新加坡，这是一九二……年，连福建厦门也有了它的踪迹，这是……卵附在各种植物上传入的。……

……载，一九三……

可怕的银脚带

香港出产的毒蛇共有六种，其中最毒的一种，俗名银脚带，全身黑白相间，自头至尾皆是如此，白色有时略带浅黄。腹部也是略带浅黄的白色。银脚带是一条毒得非常可怕的毒蛇，据专家实验的统计，银脚带的毒，比一般眼睛蛇要毒两倍。……过二十八倍。

银脚带原产印度，所以它们同类金脚带更毒……尔腊士说，曾有四个人打赌，……们特地用竹竿去找弃一条银脚带，说不怕这种蛇咬，于是他被咬了一口。其时是在夜晚。结果，第一个被咬者当夜就死去，第二第三人在次日清晨死去，第四人一度垂危之后幸告无恙。……一口气连咬四人，毒液已……银脚带在香港是各人所……

编辑忆旧

赵家璧著，1984 年 8 月第一版，大 32 开，平装，定价 1.95 元。

　　汇集作者回忆 30 年代编辑生涯的文章，共二十八篇。书前有八页插图。

　　封面黑底，用一幅"播种者"的线描画，画的线条用粉红色，书名白字。这个设计算是比较大胆，甚至出格。

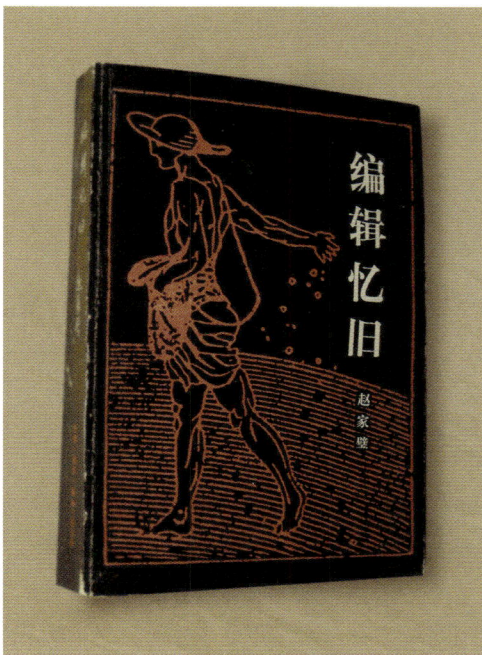

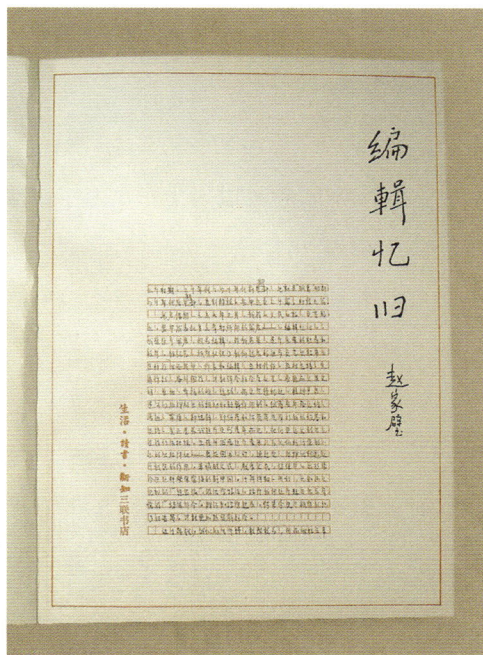

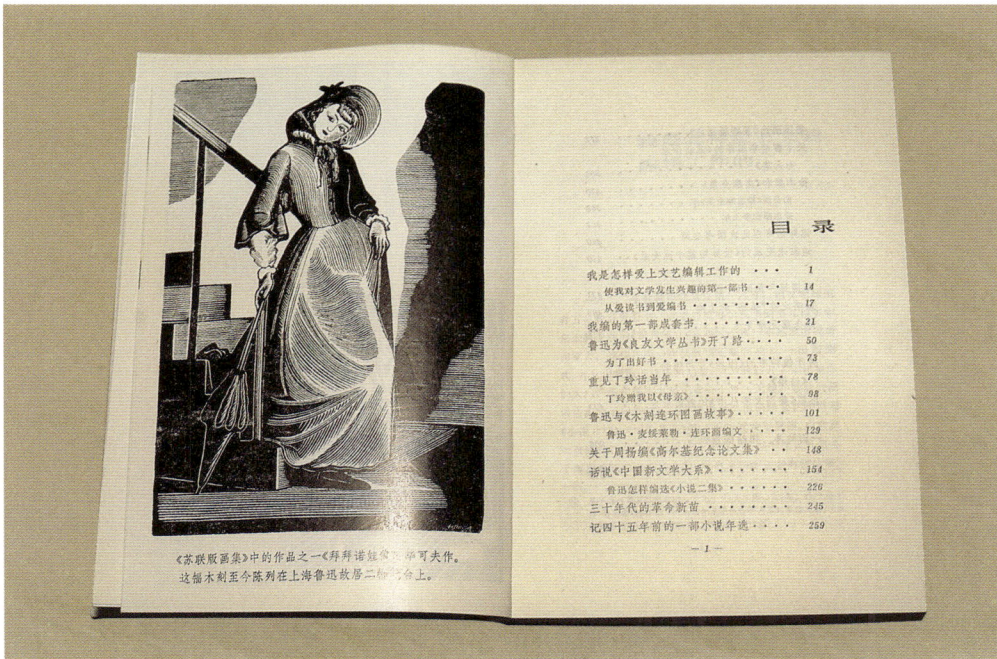

《苏联版画集》中的作品之一《拜伦诺娃家室》鄂夫可夫作。
这幅木刻至今陈列在上海鲁迅故居二楼会客室上。

—1—

《编辑忆旧》的目录页

北京乎

姜德明编，1992 年 2 月第一版，上、下册，32 开，竖排平装，定价 14.80 元。

    本书副题是"现代作家笔下的北京。1919—1949"。严格限定只收现代作家的作品，而且，再重要的作家，最多一人选四篇。共选七十四位作家的一百二十一篇文章，同时对入选作者做了简介。

    在那个时候出竖排的书，而且是竖排简体，是很少见的。这可以算是一本唯美的书：封面书名是启功写的，封面画是邵宇画的，封面图章是曹辛之刻的。邵宇当时是人民美术出版社社长，曹辛之则是老三联书店的人。封面画的内容是老北京城。图章一为"姜德明编"，一为一条蛇。曹辛之属蛇。封面简到不能再简，连三联书店的店名都没有，只在书脊印了一个标志——这在三联书店的出版史上是少见的。不为别的，只为这个封面上没法再加别的东西了。

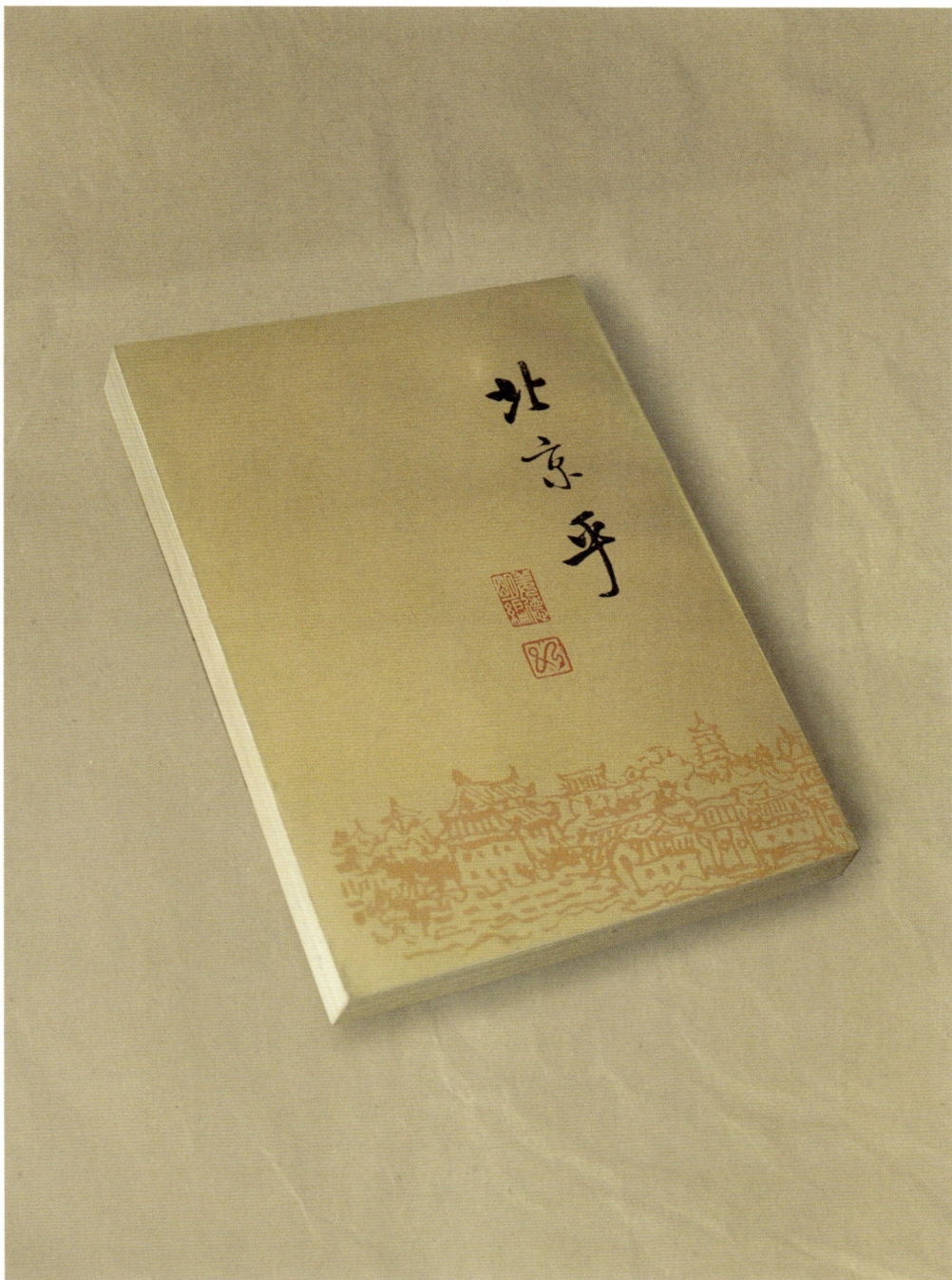

北京乎   85

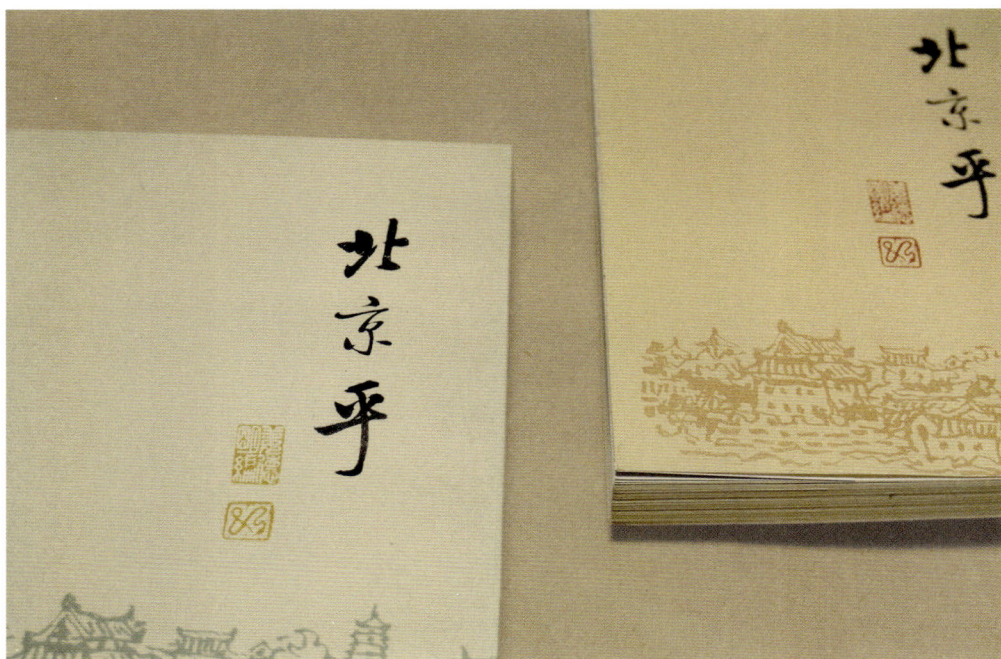

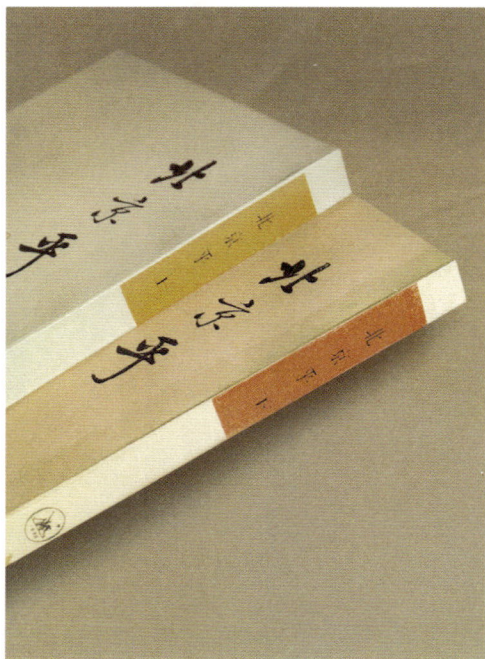

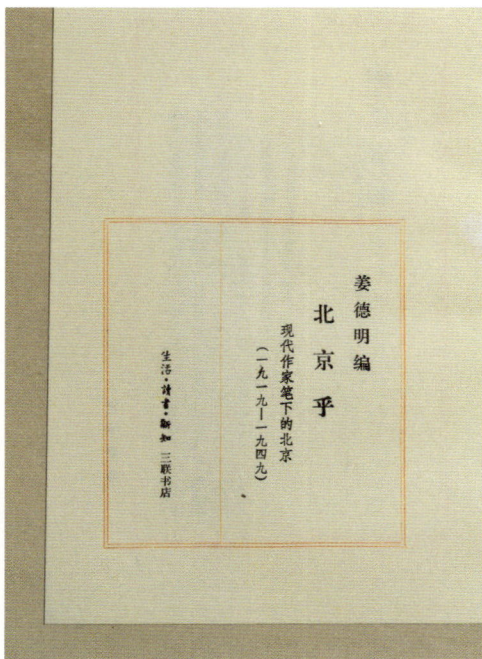

姜德明编

北 京 乎

现代作家笔下的北京
（一九一九—一九四九）

生活·读书·新知 三联书店

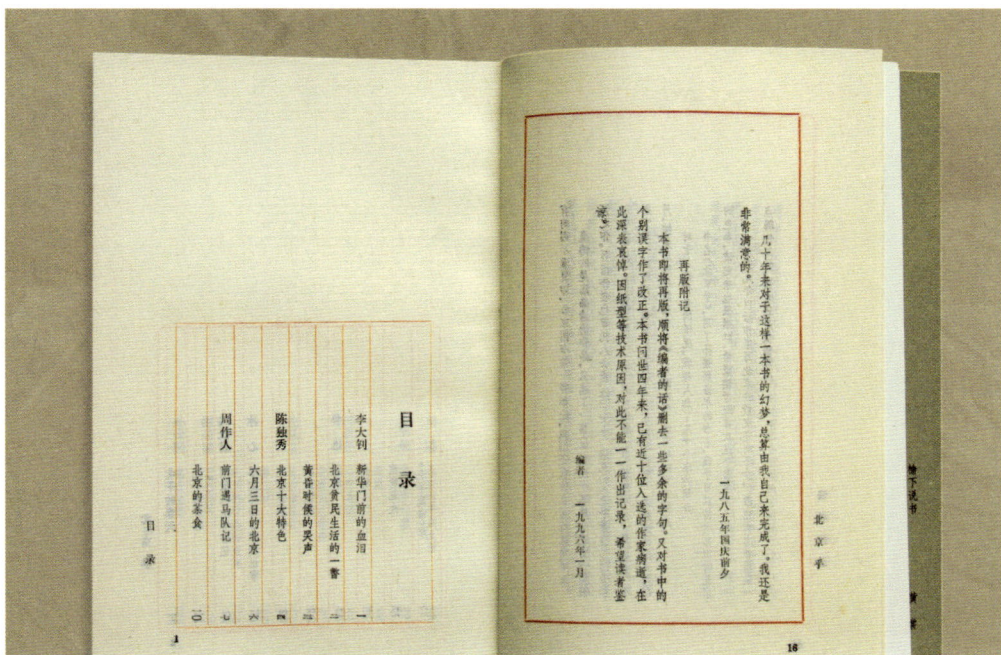

再版附记

本书即将再版，顺将《编者的话》删去一些多余的字句，又对书中的个别误字作了改正。因纸型等技术原因，对此不能一一作出记录，希望读者鉴谅。

几十年来对于这样一本书的幻梦，总算由我自己来完成了，我还是非常满意的。

编者
一九八六年一月

北京乎

16

目录

目录

1

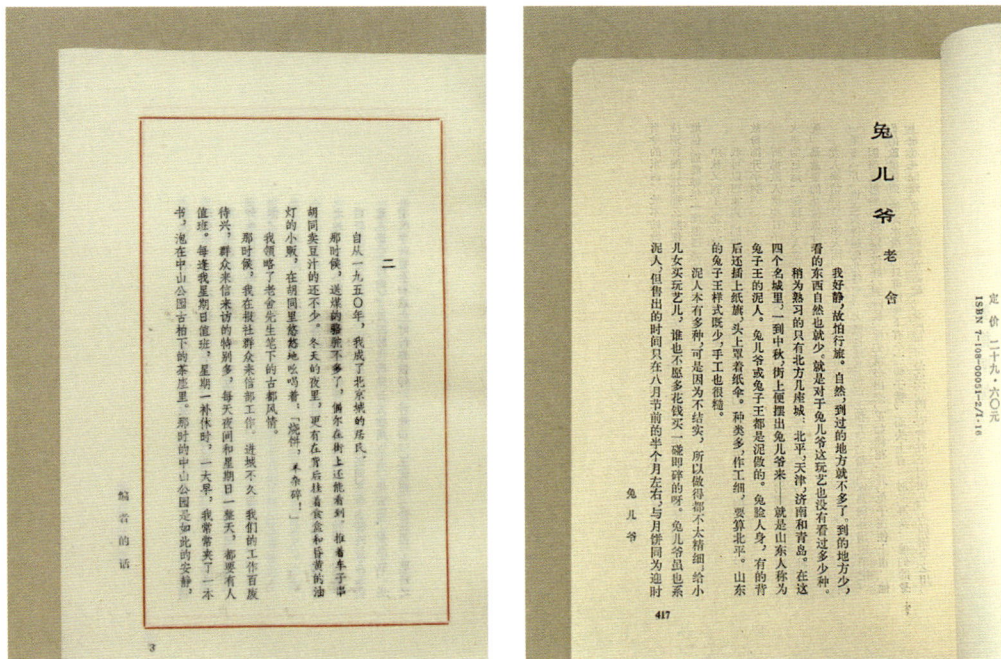

二

自从一九五〇年，我成了北京城的居民。

那时候，到煤的艺术真不多了。偶尔来还能看到，柜台车子中那灯的小贩，在胡同里慈祥地吼鸣着，更在背后挂着食盒和昏黄的油灯的小贩。冬天的夜里，「烙糕，米面糕！」

我领略了老舍先生笔下的古都风味，「说糕，米面糕！」

那时候，我在报社群众来访的特别忙，每天夜间和星期日一大早，我常常夹了一本书，待兴，每逢我星期日值班，星期一称休息，我们的工作百废待兴，群众来信来访的特别多，星期、星期日一天天，都要有人值班。那时的中山公园是如此的安静。书，泡在中山公园古柏下的茶座里。

编者的话

3

兔儿爷　老舍

我好静，故怕旅行。自然，到过的地方就不多了。到的地方少，看的东西自然也就少。就是对于兔儿爷这玩艺也没有看过多少种。在这稍为熟习的只有北方几座城，北平、天津、济南和青岛。在山东人称为四个名城里，一到中秋街上便摆出兔儿爷来。就说山东人称为后还插上纸旗，尖上踏着纸伞。种类多，作工细。兔脸人身，有的背的兔子王或兔子王都是泥做的，要算北平、山东泥人本不多种，可是做得那个太精细，给小儿女买玩艺儿，谁也不肯多花钱买，「说碎了就碎，小泥人，但售出的时间只在八月节前的半个月左右，与月饼同为迎时的东西自然也就少，就是对于兔儿爷这玩艺也没有看过多少种。

兔儿爷

417

定价　二十九·六〇元
ISBN 7-108-00051-2/1.16

文章例话

叶圣陶著，1937 年 2 月开明书店初版。1983 年 10 月三联书店第一版，32
开，平装，定价 0.52 元。

选录现代作家范文二十七篇，每篇之后加上些浅显明白的谈
话，有的是指出这篇文章的好处，有的说明这类文章的做法。原
是 1936 年《新少年》杂志创刊时，作者为其"文章展览"专栏写
的，后来集成单行本，这次重印，叶至善写了《重印后记》。

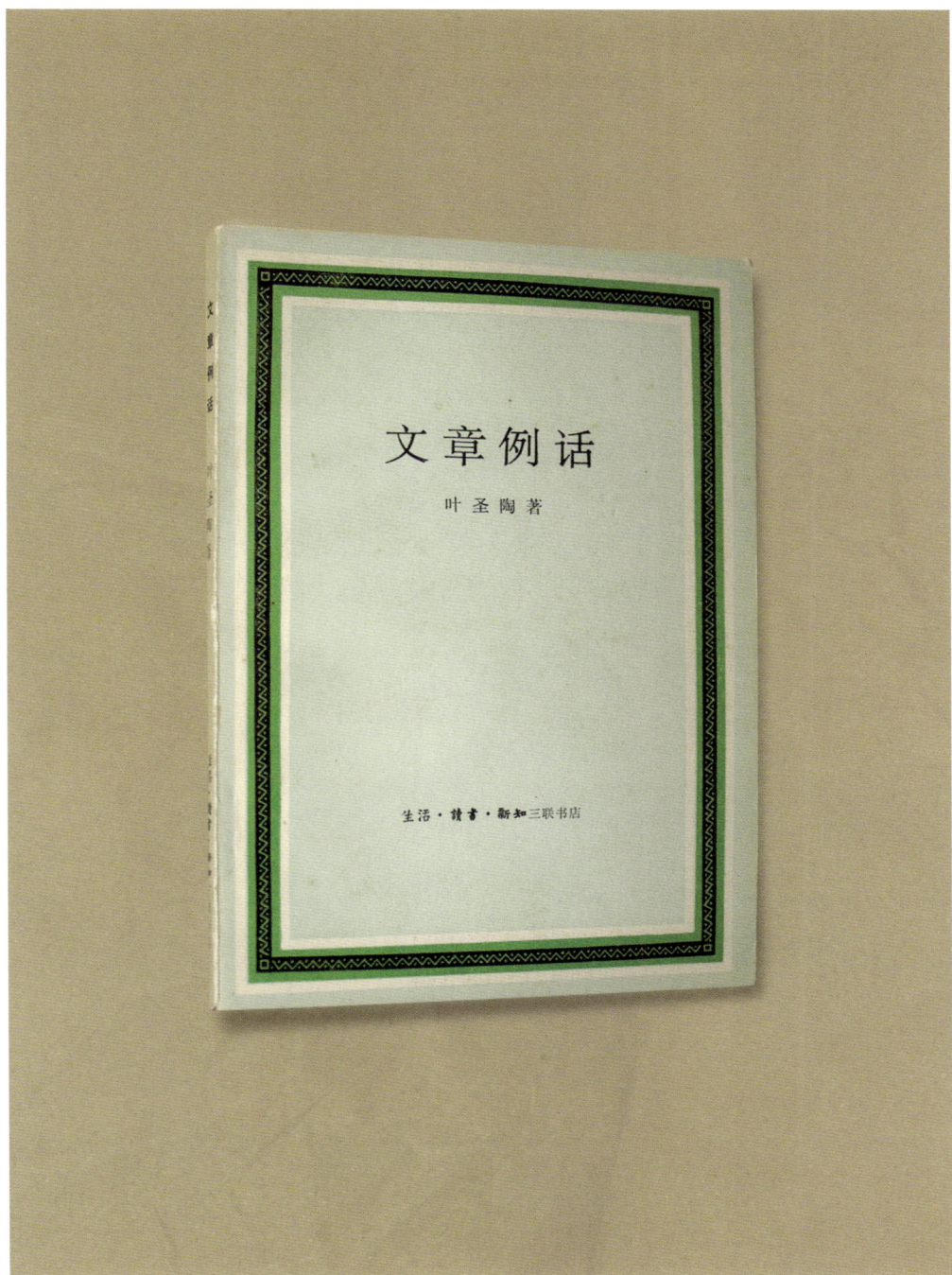

文章例话

叶圣陶著

生活·讀書·新知三联书店

花萼与三叶

叶至善、叶至美、叶至诚著，1983 年 9 月第一版，32 开，平装，定价 0.81 元。

《花萼》收集著者 1942 年写的"作文"，《三叶》收集 1943、1944 年写的"作文"，宋文彬、朱自清分别为 1943、1949 年的初版写序。这次重印，合为一集。

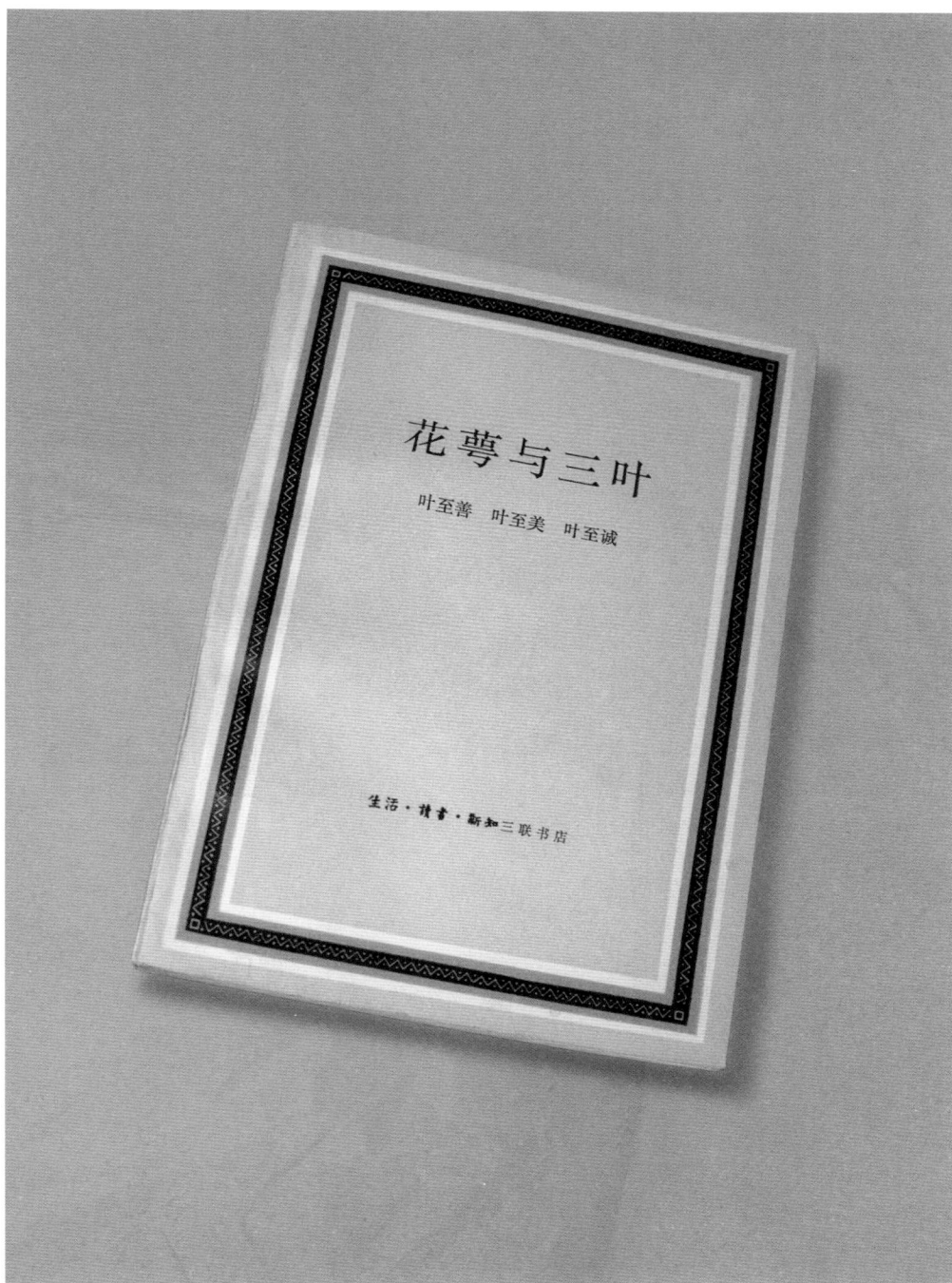

花萼与三叶

叶至善　叶至美　叶至诚

生活·读书·新知三联书店

清华园日记　西行日记

浦江清著，1987 年 6 月第一版，32 开，平装，定价 1.75 元。

作者 20 年代至 40 年代末在清华大学任教时的日记以及 1946 年由沪返滇和在昆明生活的日记。

这个封面设计用的是我熟悉的手法：以作者手迹作为主要装饰内容。

浦江清

清华园日记　西行日记

目　录

叶雨书衣

封面设计：马少展

清华园日记
西行日记
QINGHUAYUAN RIJI
XIXING RIJI

浦江清 著

生活·读书·新知 三联书店出版发行
北京朝阳门内大街166号
新华书店经销
文字六〇三厂印刷
787×960毫米 32开本 9.125印张 135,000字
1987年9月第1版 1987年9月北京第1次印刷
印数：0,001—5,000
书号10002·93 定价1.75元

（圜 場景）羲之書詩知令不可不絕來采雖事之稽稼如令不可不審詩群題

一月二日（丁卯十二月初十日辛丑） 月曜日（即星期一）

民國十七年 學校會社

要提 氣候 溫度

八時半起身。晴。接到友人及親賀年片甚多，有年々可
預料的，有絕對想不到的，有可置之不理的，有須拜覆的。
須拜覆的亦祇得待諸舊曆新年。
忽想寫信給熱春，從去年七月裏曾有信給他迄，他至末
3兩封都沒有覆。偪早上寫起，中間為他事間斷，
一直寫到下午四時方才停筆，盡六頁紙，計有四千字專寄
為足今年第一封給大家的信，應得要寫的長一點，以表示
我今年的勤懇。

皮特斯脱鲁普

方成编，1987年11月第一版，24开，平装，甲乙两种，甲种本定价4.75元。

"外国漫画家丛刊"之一。这套书自1987年11月至1992年6月共出版十一种，均由方成编，华君武、丁聪、韩羽、黄苗子、江有生等作序。

叶雨书衣

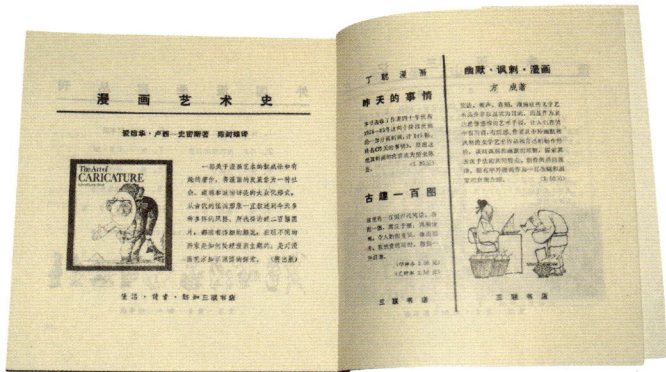

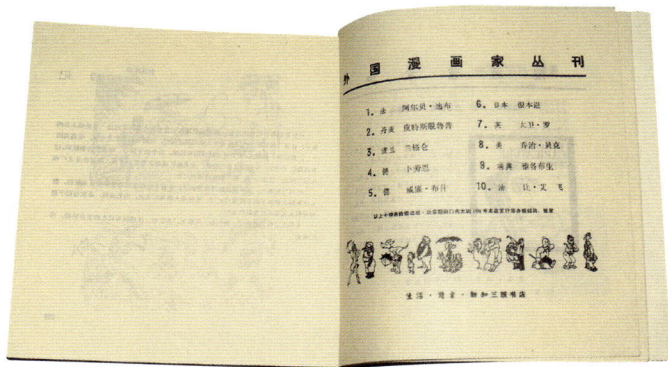

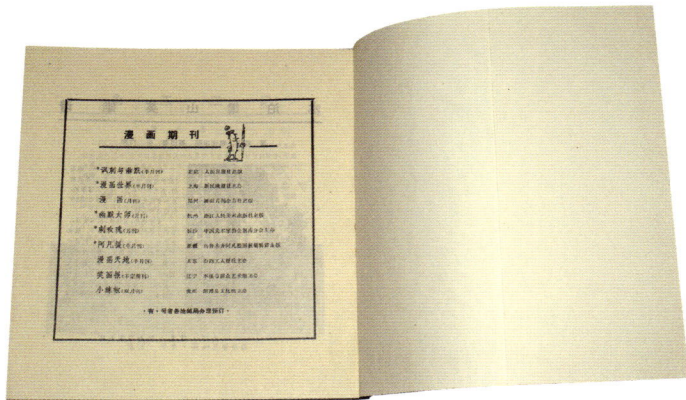

阿尔贝·迪布

方成编，1987 年 11 月第一版，24 开，平装，甲乙两种，甲种本定价 4.55 元，乙种本定价 2.30 元。"外国漫画家丛刊"之一。

阿尔贝·迪布

水泊梁山英雄谱

孟超文，张光宇画，1985 年 10 月第一版，方 32 开本，平装，定价 1.20 元。

　　图文集。书前有聂绀弩写的《怀孟超——作为〈水泊梁山英雄谱〉的序》、张仃《〈水泊梁山英雄谱〉序》。

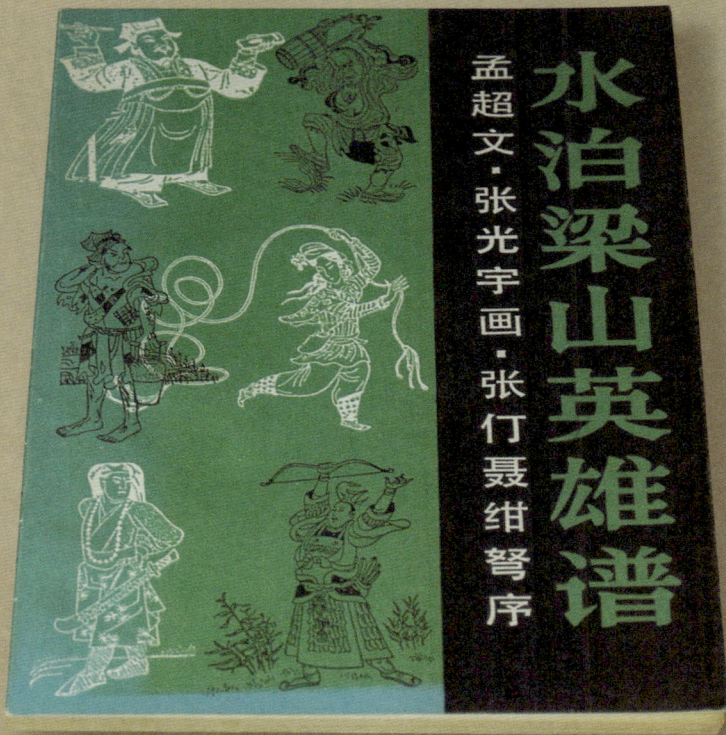

水泊梁山英雄谱 　　103

水泊梁山英雄谱 草莽史录

生活·读书·新知三联书店

目录

友，还不也是《三国演义》上关云长的语言吗？可是，别看这么一个伪装货，可也正因为他是关云长的后代子孙，他无端得着第五把交椅儿的缘故哩！

他之所以拿了他祖宗牌位做了一切思想行动的模型，就因为关云长曾经以义气流传千古为江湖豪侠之所崇师。义气本来不是一个坏字眼，不过怎样的义，义要表现在什么事实上，还是值得道究的。　　就范围说，桃园结义，仅仅是三人的结合，而梁山泊除小喽啰外，英雄好汉已经扩大到一百〇八人，规模已比乃祖乃宗恢阔伟大的多了。而关云长结义之后，所作所为，亦未必适恰人意：投效官军，扑灭黄巾，残

了当时"删戮"力量之一！华容道，释放曹操，因私交而纵敌，妨害了大局，飞掳跋扈，失掉了荆州，破坏了蜀吴的联盟，这些重要关键，关云长无一而非眠彻的，又哪里可以作为义的标准呢？回看梁山大寨，夺花石纲，杀贪官污吏，除害民蟊，择苟暴的赵官儿的统治，实在说梁山泊的聚义是比桃园结义光荣的多的，也就是说因为他所存在的建树，却模仿一个空招牌，剥下他的甲儿，脱下他的盔儿，实在也说不上是什么了不得的大将，然而摆出来的架势，似乎已有不可一世之概。与梁山泊对阵之时，也只能提了张横、阮小七些二三流的角色。尤其是波呼延灼轻轻一糖，其寅其略然失着，也足见所读的兵书，到底有限，特别是投降梁山后，论对山寨之功绩，赶不上林冲、花荣，论侠义更没鲁智深、石秀之粟来得朴质深厚，功劳簿上只有一点窝囊气。他除了继着他连关的空架，也应该自己汗颜吧！

双鞭

呼延灼

古趣一百图

丁聪画，1987 年 5 月第一版，24 开，定价 3.00 元。

古代笑话的漫画。

我设计的这个封面，丁聪很满意。他是专业画家，我是业余的，能让专业的满意，我很高兴。

古趣一百图 107

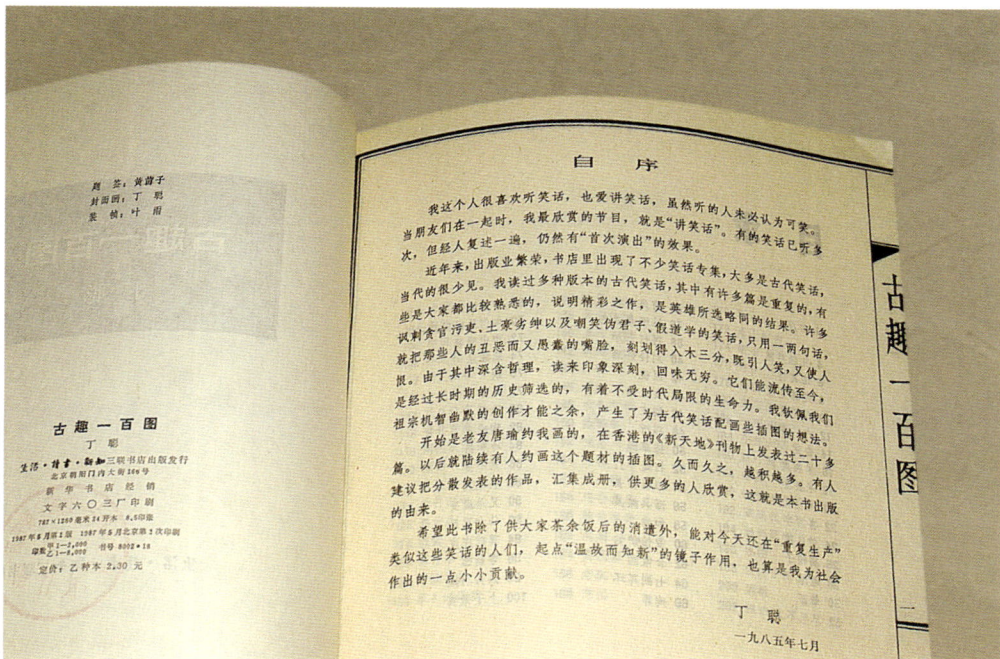

古趣一百图

丁 聪

生活·读书·新知三联书店

题签 黄苗子
封面画 丁 聪
装帧 叶雨

古趣一百图
丁 聪
生活·读书·新知三联书店出版发行
北京朝阳门内大街166号
新华书店经销
文字六〇三厂印刷
787×1260毫米 24开本 8.5印张
1987年5月第1版 1987年5月北京第2次印刷
印数：1-4,000 书号 8002·16
定价：乙种本 2.30 元

自 序

我这个人很喜欢听笑话，也爱讲笑话，虽然听的人未必认为可笑，当朋友们在一起时，我最欣赏的节目，就是"讲笑话"。有的笑话已听多次，但经人复述一遍，仍然有"首次演出"的效果。

近年来，出版业繁荣，书店里出现了不少笑话专集，大多是古代笑话，当代的很少见。我读过多种版本的古代笑话，其中有许多篇是重复的，有些是大家都比较熟悉的，说明精彩之作，是英雄所见略同的结果。许多讽刺贪官污吏、土豪劣绅以及嘲笑伪君子、假道学的笑话，只用一两句话，就把那些人的丑恶而又愚蠢的嘴脸，刻划得入木三分，既引人笑，又使人恨。由于其中深含哲理，读来印象深刻，回味无穷。它们能流传至今，是经过长时期的历史筛选的，有着不受时代局限的生命力。我钦佩我们祖宗机智幽默的创作才能之余，产生了为古代笑话配画些插图的想法。

开始是老友唐瑜约我画的，在香港的《新天地》刊物上发表过二十多篇。以后就陆续有人约画这个题材的插图。久而久之，越积越多，有人建议把分散发表的作品，汇集成册，供更多的人欣赏，这就是本书出版的由来。

希望此书除了供大家茶余饭后的消遣外，能对今天还在"重复生产"类似这些笑话的人们，起点"温故而知新"的镜子作用，也算是我为社会作出的一点小小贡献。

丁 聪

一九八五年七月

告　荒

　　有告荒者，官问麦收若干，曰："三分。"又问棉花若干，曰："二分。"又问稻收若干，曰："二分。"官怒曰："有七分年岁，尚捏称荒耶？"对曰："某活一百几十岁矣，实未见如此奇荒。"官问之，曰："某年七十余，长子四十余，次子三十余，合而算之，有一百几十岁。"哄堂大笑。
　　　　　　　　　　　——《笑笑录》

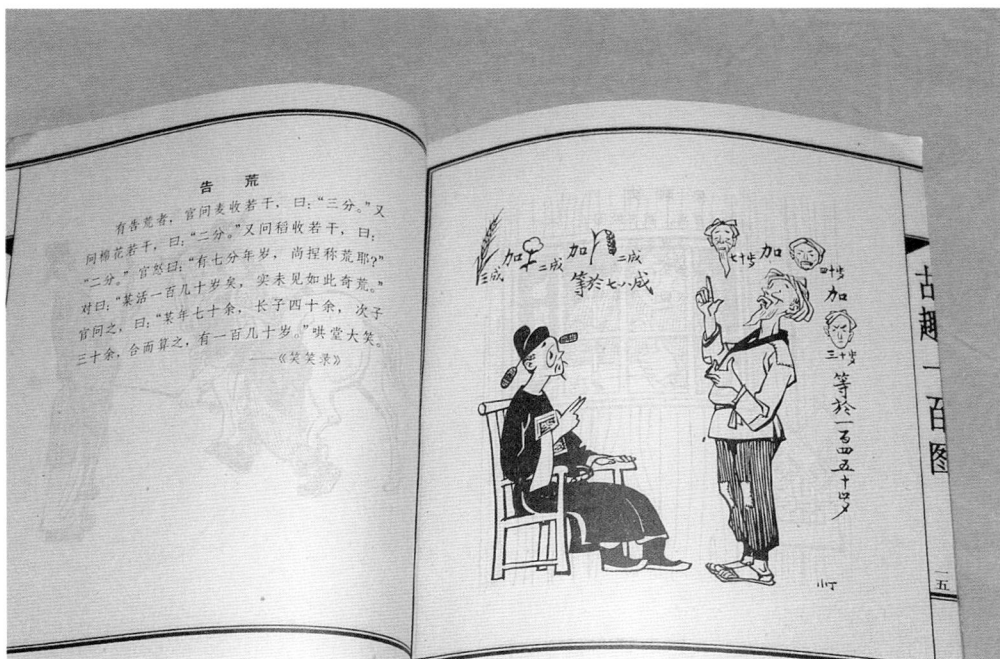

阿Q正传漫画

鲁迅原著，丁聪画，胥叔平雕版，茅盾、景宋、吴祖光、黄苗子序跋。浙江文艺出版社，24开，平装，定价 3.50 元。

我很少用美术字设计书名，但中国的漫画杂志有这种传统，所以我也从之。封底用茅盾手书送丁聪诗。整个封面仍旧用黑、红、白三色（实际是两色，白是留出来的）。

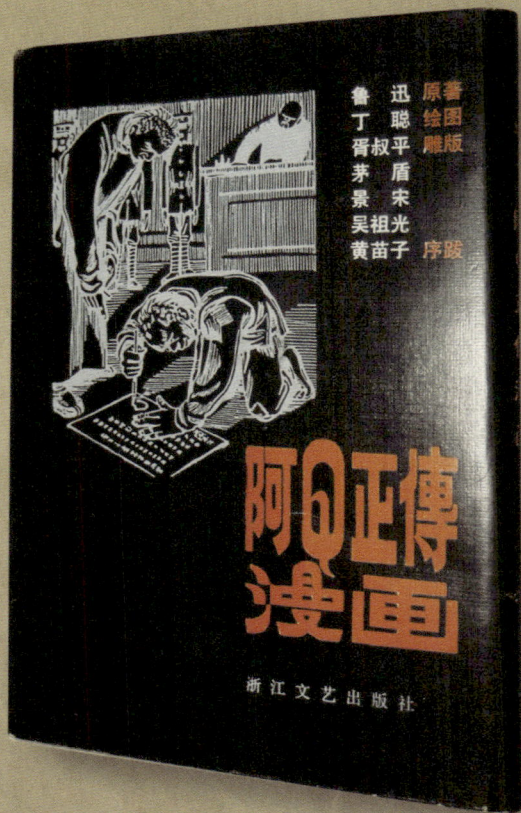

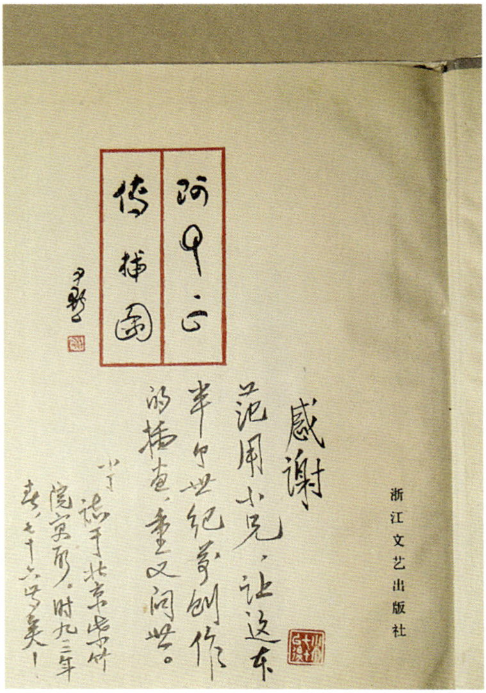

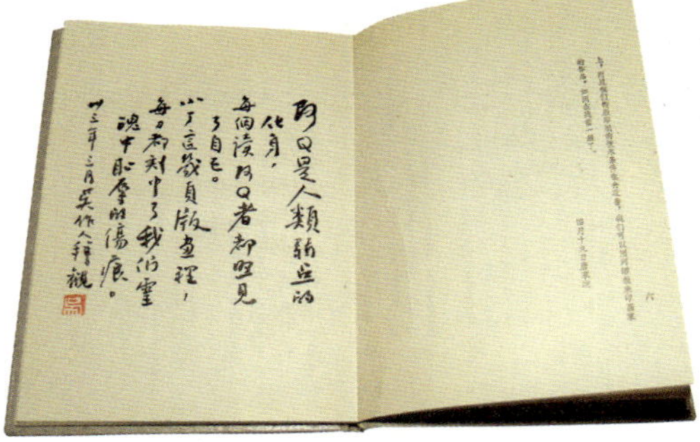

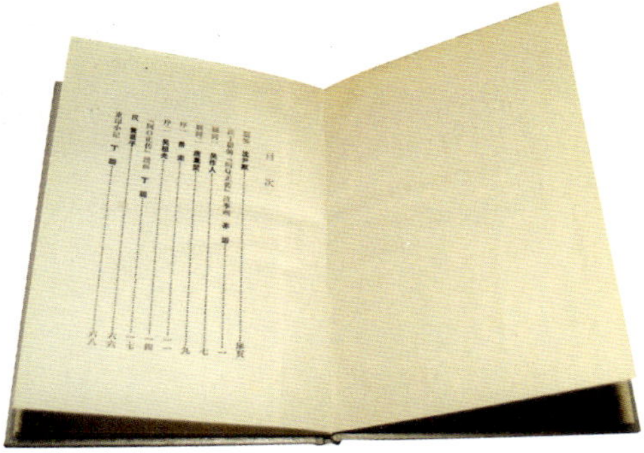

感谢

范用小兄，让这本半个世纪前创作的插画，重又问世。

适于北京出书时阅实形，时九三年夏七十六岁丁聪！

阿Q正传插图

浙江文艺出版社

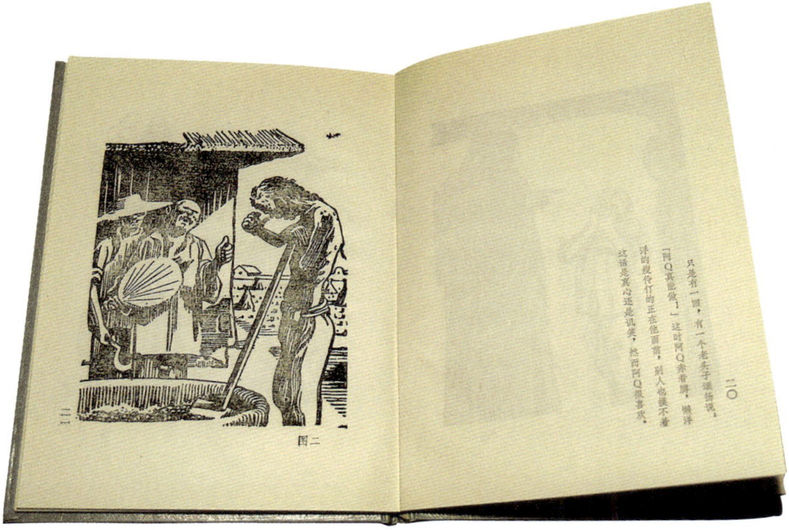

图二

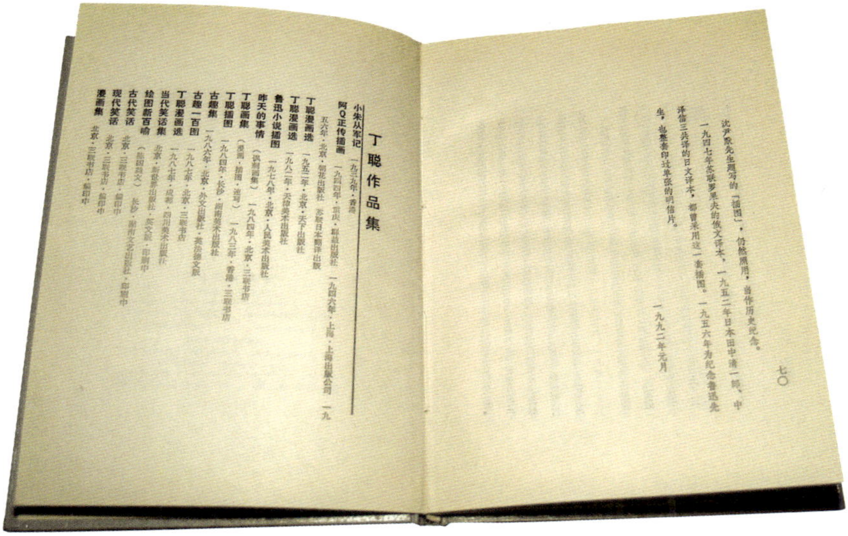

荣格心理学入门

C．S．霍尔、V．J．诺德贝著，冯川译，1987年5月第一版。窄32开，平装，定价1.15元。1954年作者曾出版《弗洛伊德心理学入门》，很受好评。

　　此书写作于1972年，内容晓畅易懂，深入浅出。书前有作者《绪言》，书后有《荣格著作阅读指南》。

　　"新知文库"之一。这套书前后共出版近百种，都是一种设计风格，开本小，图案简洁、色彩鲜亮。每十种一辑，每辑色彩不同，每册封面根据内容选用图案。

荣格心理学入门

霍尔等著　冯　川译

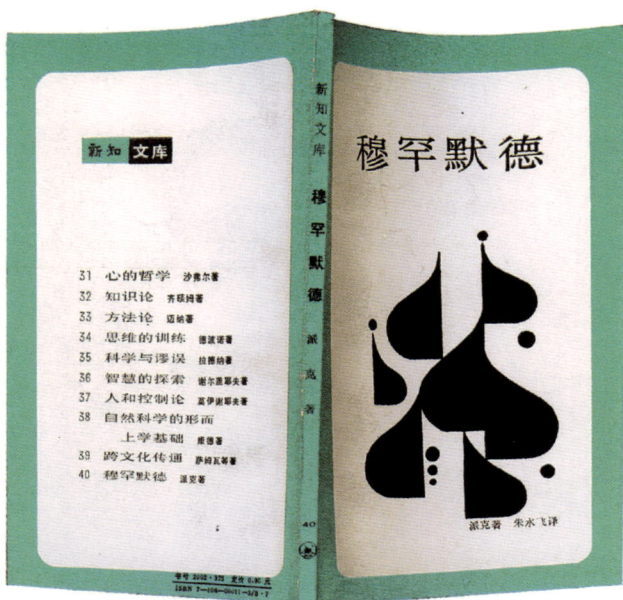

叶雨书衣

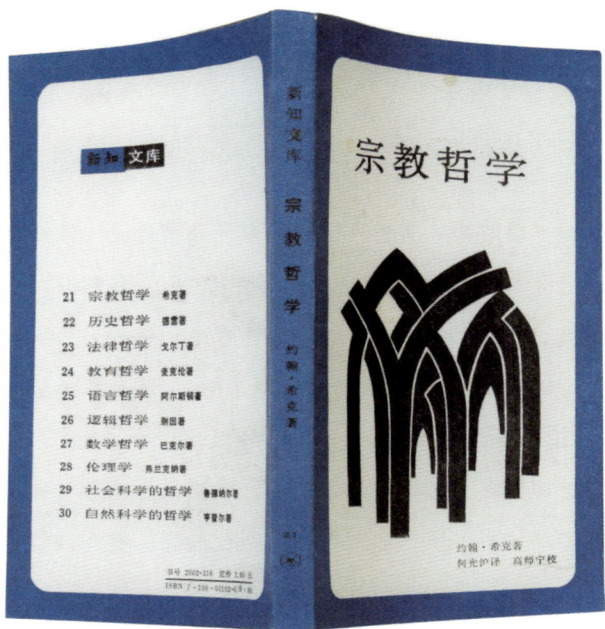

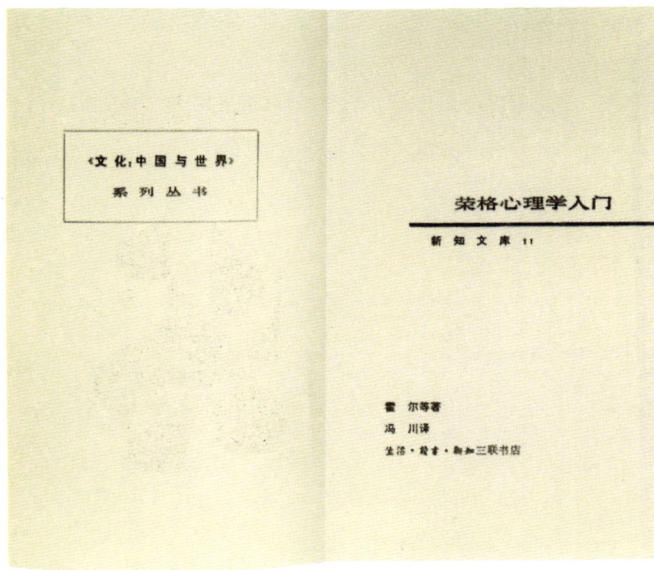

性心理学

［英］霭理士著，潘光旦译注，1987 年 7 月第一版，大 32 开，平装，定价 5.50 元。

　　书前有霭理士像两幅，潘光旦像两幅；译注霭理士《性心理学》稿梓成自题诗五首；译序一篇（1931 年 12 月），序后有此次重印时编者加的说明（1987 年 1 月），著者原序一篇；书后附胡寿文的《霭理士传略》《中国文献中同性恋举例》，还有费孝通的《重刊潘光旦译注霭理士〈性心理学〉书后》等。

　　这本书在设计构思上与《诗论》相仿，同样是用作者（译注者）的手书加图章，所不同是加了橙、黑两色做底，有些许象征之意。

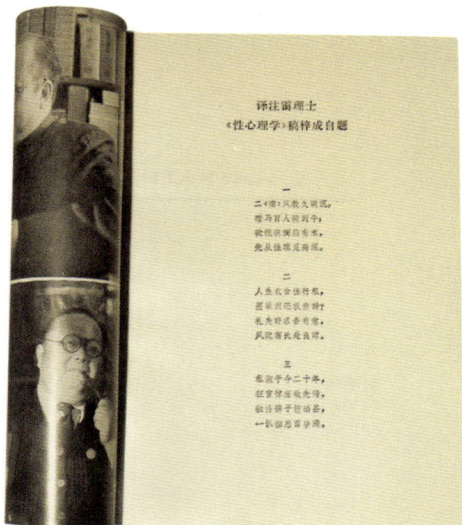

为人道主义辩护

王若水著，1986 年 7 月第一版，大 32 开，软精装，定价 2.05 元。

这本书出版时，有关部门调清样去审。设计时，封面用了一个大卫像，是文艺复兴时期作品，强调人文主义、人性解放。封面烫银。这本书后来印了几万册。

这种以思想解放为中心内容的书，出了五种，其他还有李洪林的《理论风云》，刘再复、林岗的《传统与中国人》等，总称"研究者丛书"。李洪林就是《读书》创刊号第一篇文章《读书无禁区》的作者，当时影响很大。

中国学术思想史随笔

曹聚仁著，1986 年 6 月第一版，32 开，平装，定价 2.85 元。

这是著者的晚年之作，最早在香港《晶报》连载（1970 年），名为《听涛室随笔》，后在港结集出版，更名为《国学十二讲——中国学术思想新话》。本版以《国学十二讲》为底本，对照《听涛室随笔》，补充了被删节的部分文字和篇目，改用现书名。

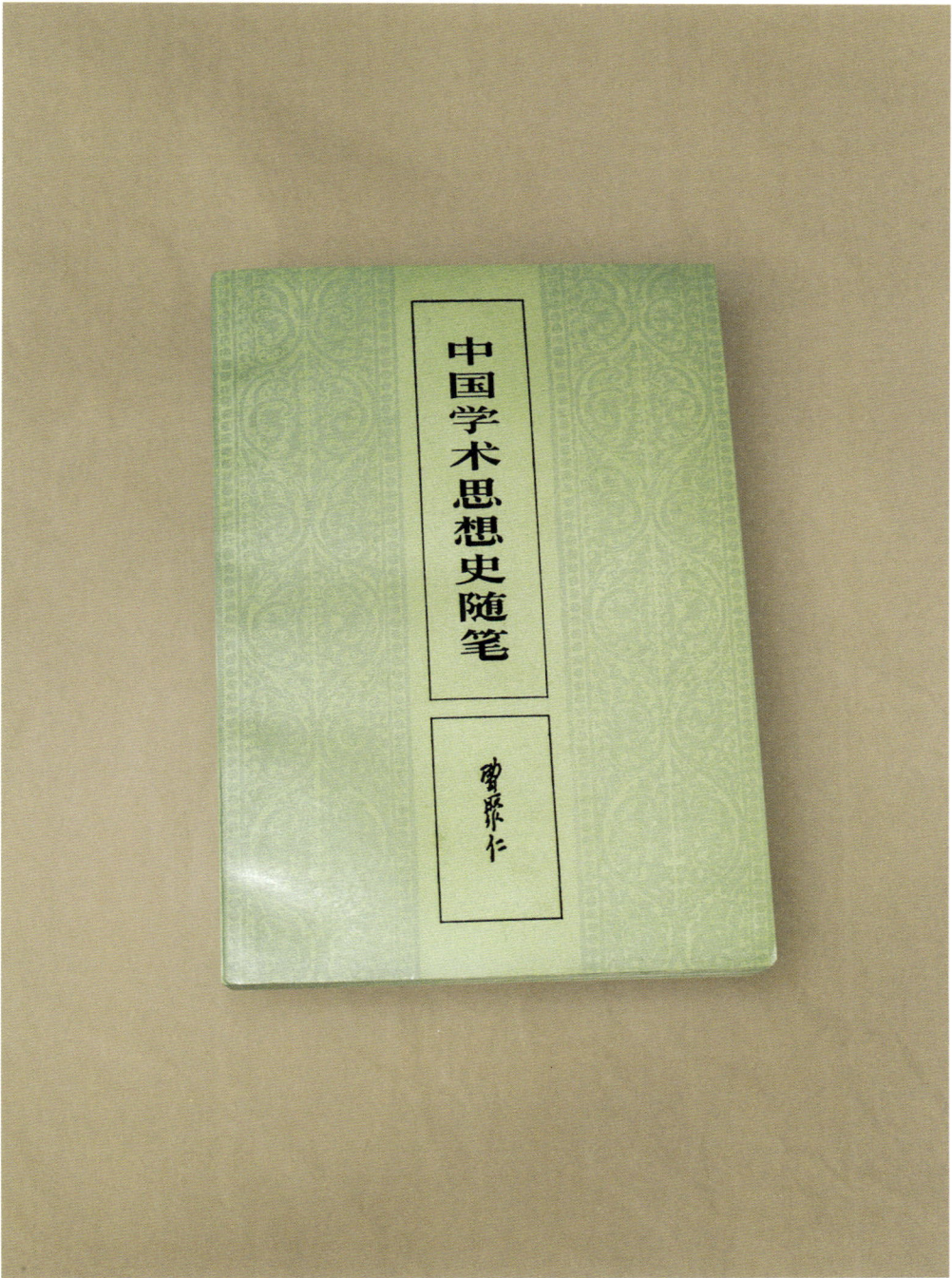

中国传统政治思想反思

刘泽华著，1987 年 10 月第一版，大 32 开，平装，定价 1.80 元。

弗洛伊德和马克思

[英] 奥兹本著，董秋斯译，1986 年 8 月第一版，32 开，平装，定价 1.15 元。原由读书出版社于 1940 年 6 月初版，书名《精神分析学与辩证唯物论》。

与《性心理学》一样，我设计了一个红底色的封面，并反白用了一幅抽象线描画。

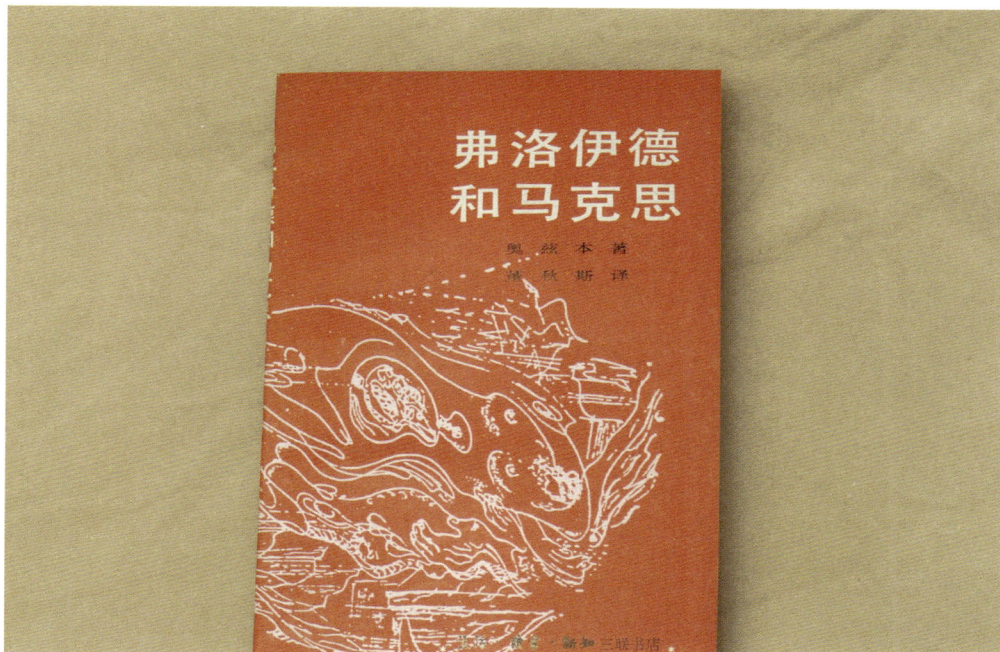

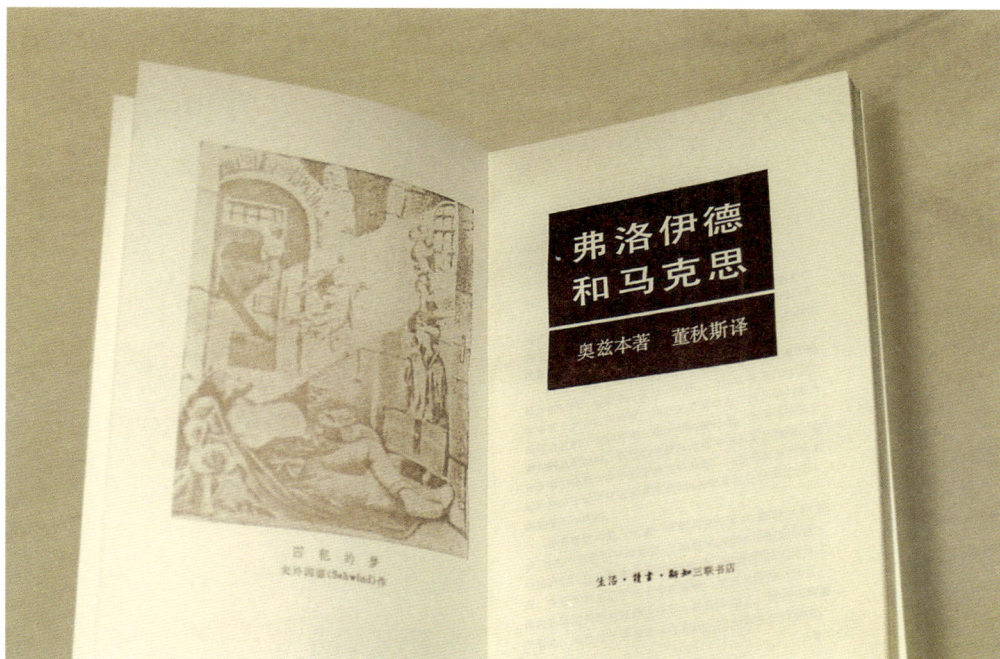

诗论

朱光潜著，1984 年 7 月第一版，32 开，精装、平装两种，精装定价 2.15 元，平装定价 1.15 元。

    学术书很难设计。常常是，拿了一本书，却想不出办法。只好用颜色，争取不呆板。《诗论》没有靠颜色。我把朱光潜先生手稿中两个蝇头小字放大几十倍作为书名，作者签名也是手书，再加一个图章，几乎把封面占满了，看去大气、美观。朱先生对这个封面很满意。那枚图章刻的是朱先生的别名"孟实"，见我喜欢，就说："你喜欢，拿去。"他喜欢把东西送人。

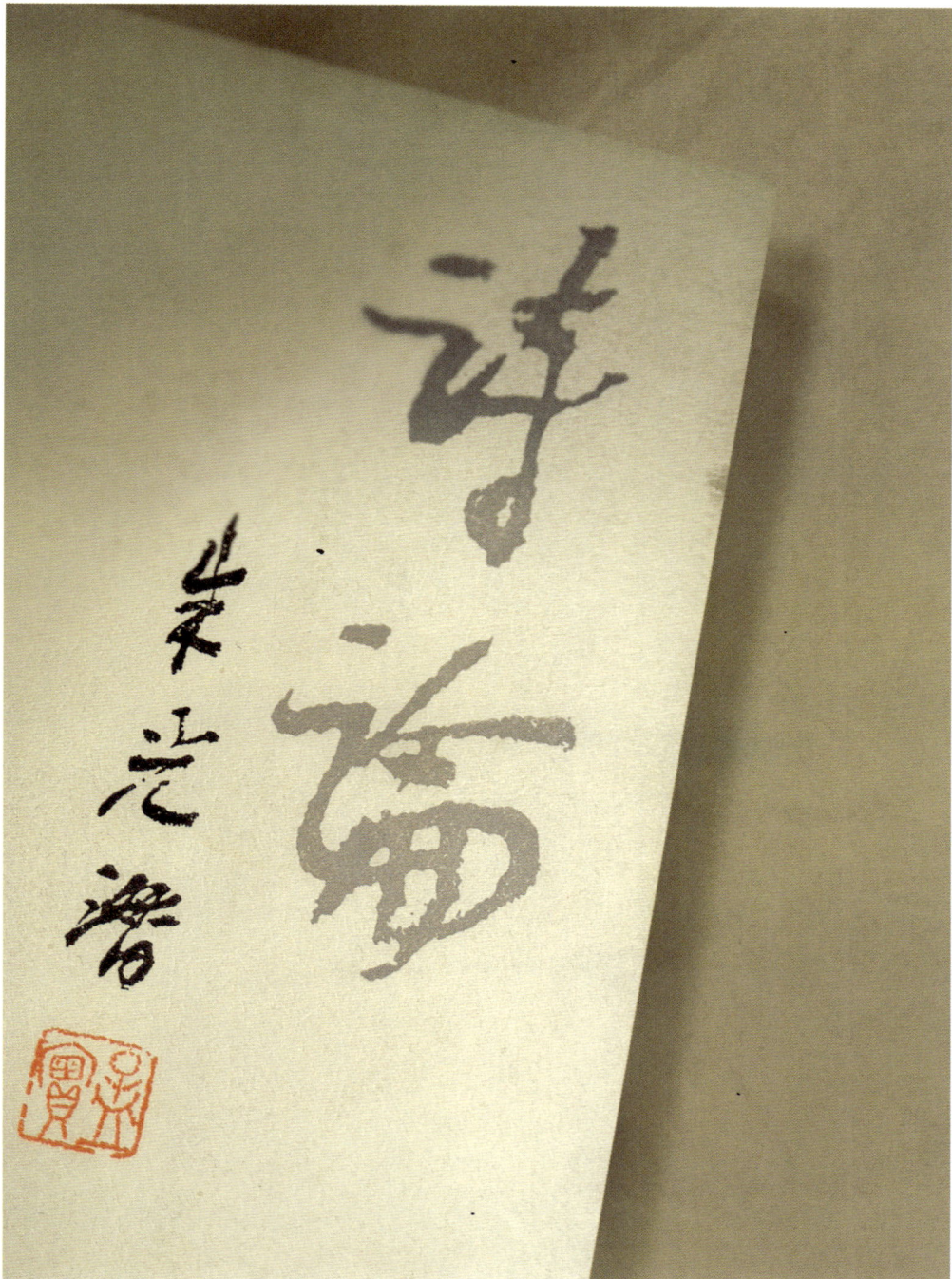

诗论

艾山元潜

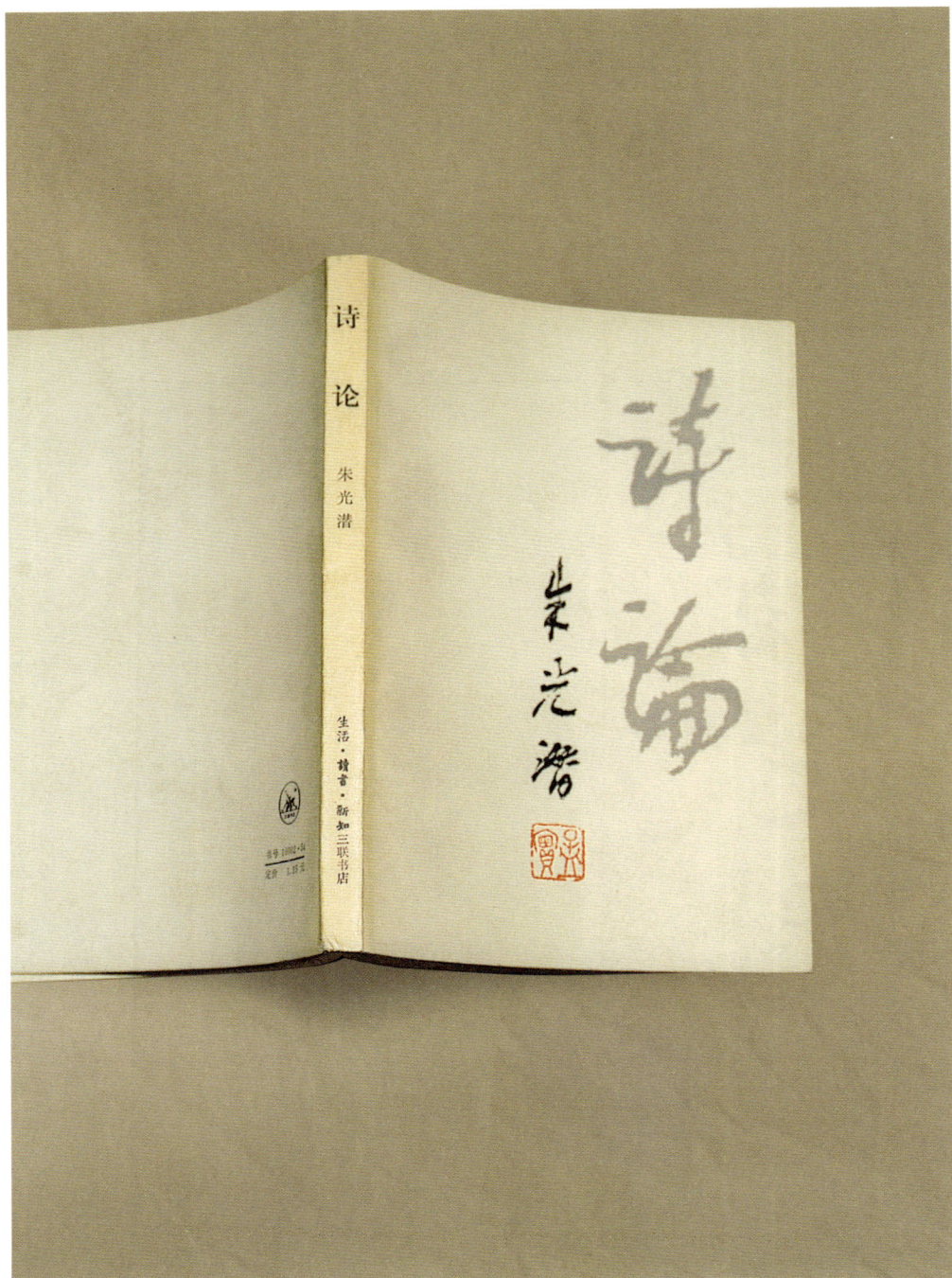

诗

论

朱光潜

生活·讀書·新知三联书店

诗论

朱光潜

叶雨书衣

诗　论

朱光潜

生活·读书·新知 三联书店

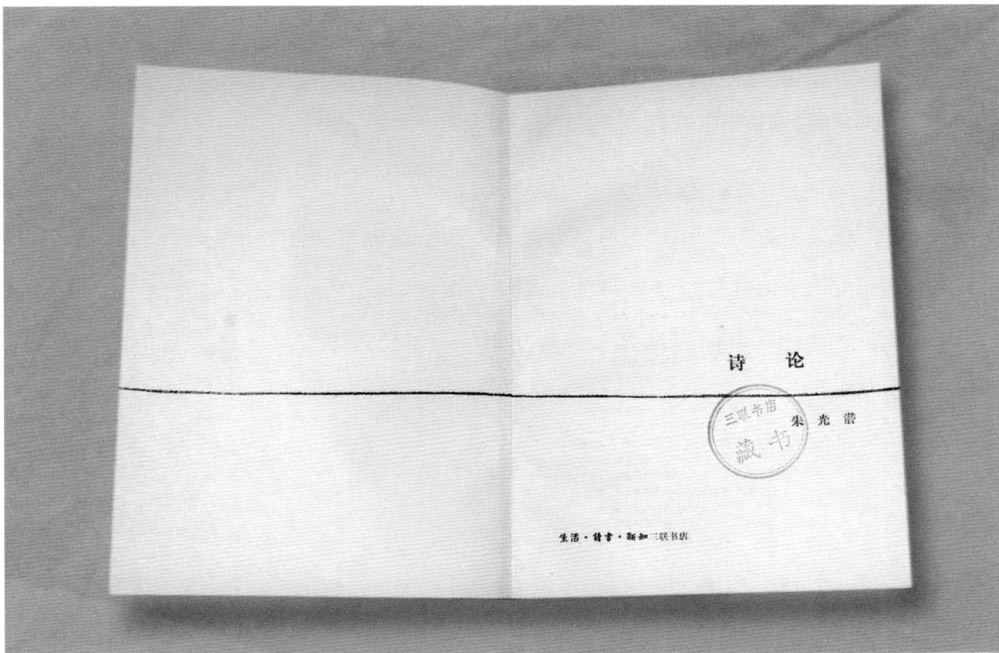

一　节奏的性质

节奏是宇宙中自然现象的一个基本原则。自然现象彼此不能全同，亦不能全异。全同全异不能生节奏。节奏生于同异相承续，相错综，相呼应。寒暑昼夜的来往，新陈的代谢，雌雄的配偶，风波的交错，山川的交错，数量的乘除消长，以至于地理方面正反的对称，历史方面兴亡隆替的循环，都有一个节奏的道理在里面。艺术返照自然，节奏是一切艺术的灵魂。在造形艺术则为浓淡、疏密、阴阳、向背相配称，在诗、乐、舞诸时间艺术则为高低、长短、疾徐相呼应。

在生灵方面，节奏是一种自然需要。人体中各种器官机能如呼吸、循环等等都是一起一伏周流不息，自成节奏。这种生理的节奏又引起心理的节奏，就是精力的盈亏与注意力的张弛。吸气时营养聚增，脉搏跳动时筋肉紧张，精力于是聚积，注意力亦随之提起；呼气时营养消息，脉搏停伏时筋肉弛懈，精力于是消耗，注意力亦随之下降。我们知觉外物须要精力与注意力的调整聚会，所以在常不知不觉在本身自然界的节奏须和内心的节奏相应和，有时自然界本无节奏的现象也可以借内心的节奏而生节奏。比如钟表机轮所作的声音本是单调一律，敲者高低起伏，却觉得它轻重长短相间，这是很显然的。呼吸，循环有起伏，精力有张弛，注意力有紧张，同一声音在注意力紧张时便显得重，在注意力松懈时便显得轻，所以单调一律的声音继续听下去，可以使听者听到有规律的节奏。

这个简单的事实可以揭示节奏的一个重要分别。节奏有

124

"主观的"与"客观的"两种。我们所听到的钟表的节奏完全是主观的，没有客观的基础。有时自然现象本有它的客观的节奏，我们所听到的节奏不必与它完全相符合。比如一组相邻两音高低在1与5之比，另一组相邻两音高低为1与3之比，西音高低为1与3之比，在前组听起来较高，在后组听起来较低，因为受邻音高低反衬的影响不同。这正犹如一炮声在枪声中听到时和在雷声中听到的印象有高低之别一样。

主观的节奏的存在证明外物的节奏可以因内在的节奏改变，主观内在的节奏是从这种改变的可能起来的。有机体本来缺乏手感觉循环，可模仿又是动物的一种最显著的本能，看见劳人挥斧，自己也随之发笑；看见舞人踊躁，自己的脚腰也随着之跃跃欲动；看见扬物轻盈摇摆曲，我们也不知不觉轻松舒畅起来。这都是极普遍的经验。外物的节奏也同样地遍现我们的筋肉及相关器官去适应它，摹仿它。单就声音的节奏来说，它是长短、高低、轻重、疾徐相配称的关系。这关系时时变化，听者需要的心力与心情活动也随之变化。因此，听者心中自发生一种节奏和声音的节奏相平行。听一曲高而急促的调子，心力与筋肉亦起之作高而急促的活动；听一曲低而柔缓的调子，心力与筋肉也随之作一种低而柔缓的活动。诗与音乐的节奏有一种"模型"(pattern)，在变化中整齐，流动生展却常回旋着由意志，所以我们说它有规律。这"模型"印到心里也就形成了一种心理的模型，我们不知不觉地希着这个模型去摹仿，去运用心力，去调节注意力的张弛与筋肉的伸缩。这种准备在

125

文化：中国与世界（第一辑）

编委会编，主编甘阳，副主编苏国勋、刘小枫。不定期出版，大 32 开，平装，每辑篇幅不等。本辑 1987 年 6 月出版，定价 2.10 元。

学术论文丛刊。所辑论文，力图对中国文化和世界文化的过程、现在、未来进行总结性研究和系统性的比较。在此基础上编辑出版"文化：中国与世界"系列丛书——现代西方学术文库、新知文库。

　　　叶雨书衣

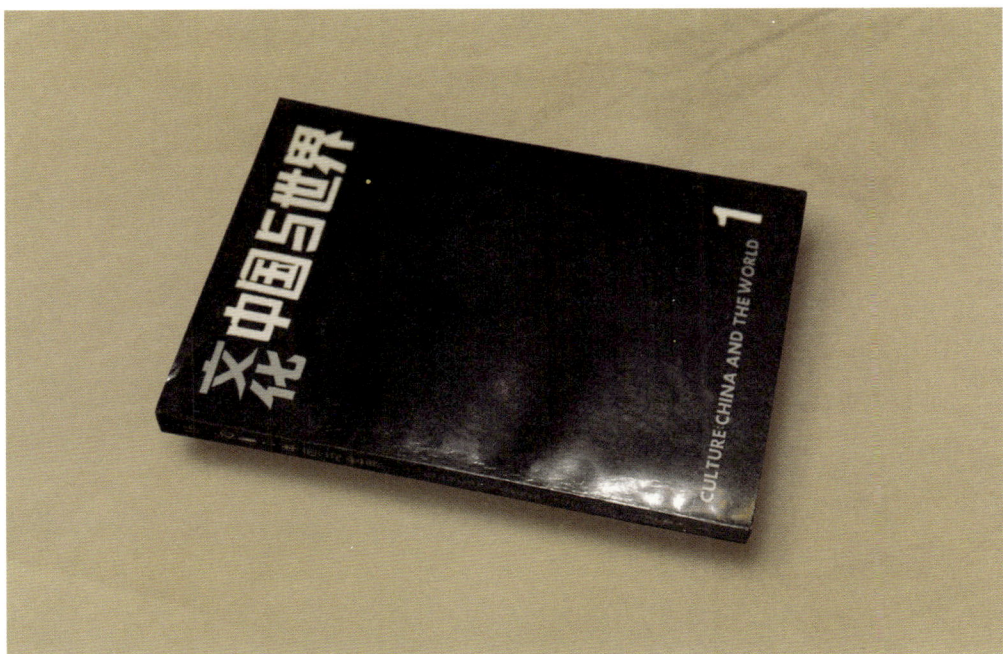

乡土中国

费孝通著，1985 年 6 月第一版，大 32 开，平装，定价 0.60 元。

书前有著者写的《旧著〈乡土中国〉重刊序言》。收入十四篇文章，是著者根据 40 年代在西南联大和云南大学讲授"乡村社会学"一课内容整理而成。

这是一本小册子，相当单纯、精粹的著作。设计同样单纯：灰绿色方框和书名，作者手书签名用黑色，书底是淡淡的米黄，有一点儿"乡土"味道。

费孝通

乡 土 中 国

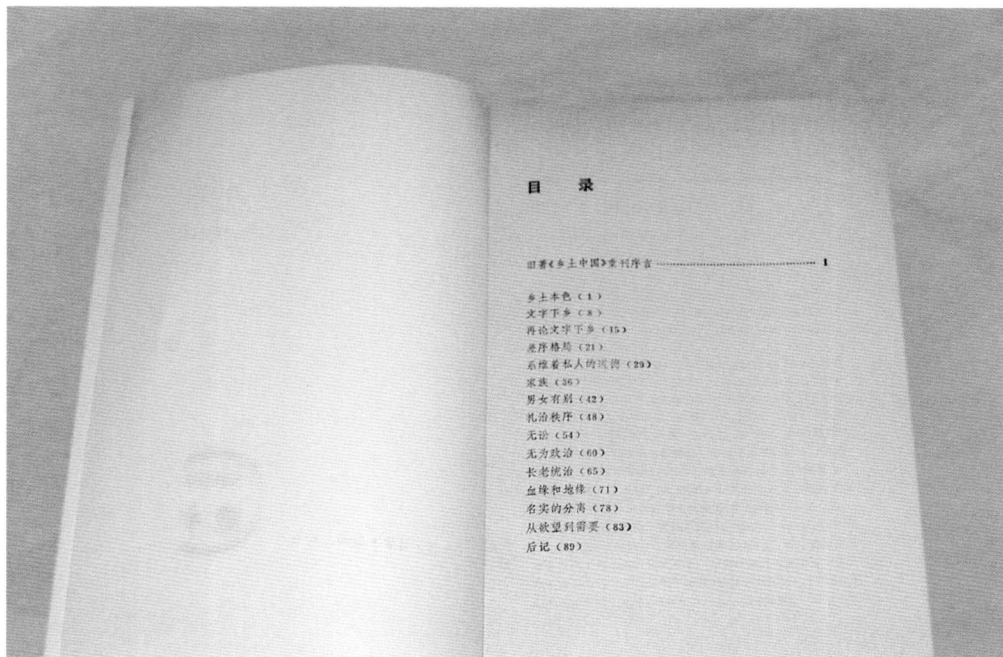

目　录

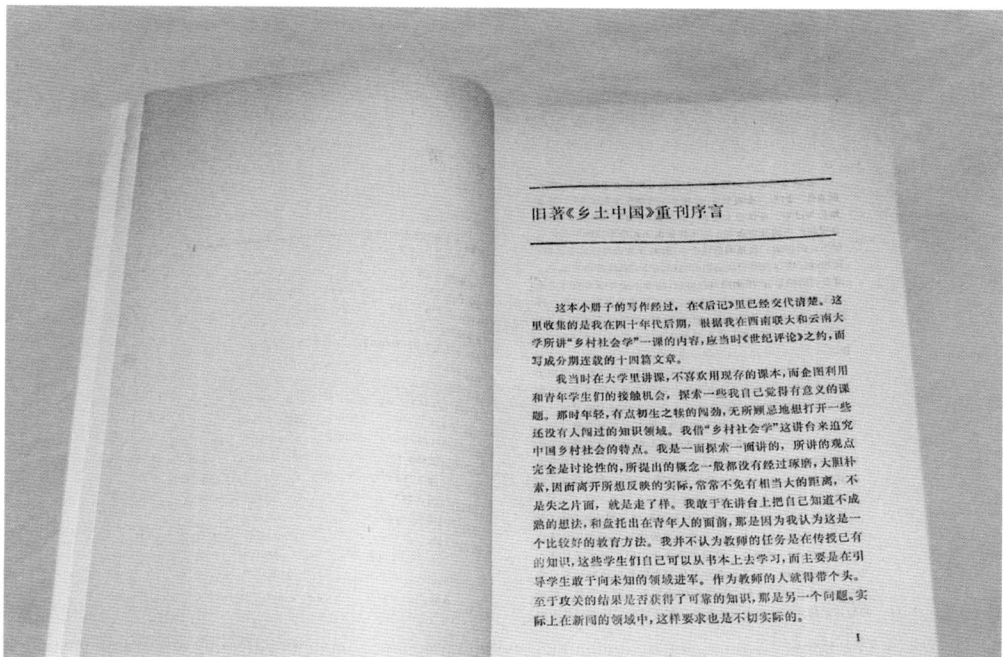

旧著《乡土中国》重刊序言

　　这本小册子的写作经过，在《后记》里已经交代清楚。这里收集的是我在四十年代后期，根据我在西南联大和云南大学所讲"乡村社会学"一课的内容，应当时《世纪评论》之约，而写成分期连载的十四篇文章。

　　我当时在大学里讲课，不喜欢用现存的课本，而企图利用和青年学生们的接触机会，探索一些我自己觉得有意义的课题。那时年轻，有点初生之犊的闯劲，无所顾忌地想打开一些还没有人闯过的知识领域。我借"乡村社会学"这讲台来追究中国乡村社会的特点。我是一面探索一面讲的，所讲的观点完全是讨论性的，所提出的概念一般都没有经过琢磨，大胆朴素，因而离开所想反映的实际，常常不免有相当的距离，不是失之片面，就是走了样。我敢于在讲台上把自己知道不成熟的想法，和盘托出在青年人的面前，那是因为我认为这是一个比较好的教育方法。我并不认为教师的任务是在传授已有的知识，这些学生们自己可以从书本上去学习，而主要是在引导学生敢于向未知的领域进军。作为教师的人就得带个头。至于攻关的结果是否获得了可靠的知识，那是另一个问题。实际上在新闻的领域中，这样要求也是不切实际的。

1

缺乏储蓄的农业经济却受不住这种工程的费用，没有足够的剩余，于是想声疾呼，与逃荒亡地和皇权为雇了。这种有力的皇权不能不同时加强他对内的压力，费用更大。陈涉吴广之流，揭竿而起，天下大乱了。人民死亡枕藉，人口减少，于是乱久必合，又形成一个没有比休息更能引诱人的局面，皇权力求无为，所谓养民。养到一时候，皇权逐渐累积了一些力量，这力量又刺激皇帝的雄图大略，这种循环也因而复始。

为了皇权自身的维持，在历史的经验中，找到了"无为"的生存价值，确立了无为政治的理想。

横暴权力有着这么经济的拘束，于是在天高皇帝远的距离下，把乡土社会人民切身的公事让给了同意权力去活动了，可是同意权力却有着一套经济条件的限制。依我在上篇所说的，同意权力是分工体系的产物。分工体系发达，这种权力才能跟着扩大。乡土社会是个小农经济，在经济上每个农家，除了盐铁之外，必要时就可关门自给。于是我们很可以想象同意权力的范围可小到微乎其微的程度。在这里我们可以看到的乡土社会里的权力结构，虽则名义上可以说是"专制""独裁"，但是除了自己不想持续的末代皇帝之外，在人民实际生活上看，是松弛和微弱的，是挂名的，是无为的。

长老统治

要了解乡土社会的权力结构，单从我在上篇所分析的横暴权力和同意权力两个概念去看还是不够的。我们固然可以从乡土社会的性质上去说明横暴权力所受到事实上的限制，但是民主并不是说乡土社会权力结构是普通所谓"民主"形式的。民主形式根据同意权力，在乡土社会中，把横暴权力所加本来并不很强的，基层上所表现出来的却并不完全是许多权利相等的公民共同参预的政治。这里正是讨论中国基层政治性质的一个谜。有人说中国是有政治民主，有社会民主，可是中国政治结构可分为两层，不民主的一层压在民主的一层上边。这些看法都有一部分近似，说近似而不确当是因为这里还有一种权力，既不是横暴性质，又不是同意性质；既不是发生于社会冲突，又不是发生于社会合作；它是发生于社会继替的过程，是教化性的权力，或是说爸爸式的，英文里是 Paternalism。

社会继替是我在"生育制度"一书中提出来的一个新名词，但并不是一个新的概念，这是指社会成员新陈代谢的过程。生死无常，人寿有限；从个人说这个世界不过是个逆旅，寄离于此的这一阵子，久暂相差不远。但是这个逆旅却是有

男女有别

在上篇我说家庭在中国的乡土社会里是一个事业社群，凡是做事业的社群，纪律是要维持的，纪律排斥了私情。这里我引出了中国传统感情定向的基本问题了。在上篇我虽则已说到了一些，但是还想在本篇里再申说发挥一下。

我用感情定向一词来指一个人发展他感情的方向，这感情方向受着文化所规定的方向。所以从分析一个文化型式时，我们也可以注意这文化规定个人感情可以发展的方向，简称作感情定向。"感情"又可从两方面去看：心理变化来说明感情的本质和种类，社会学则从感情在人和人的关系上去看它所发生的作用。喜怒哀乐固然是生理现象，但是总发生在人事心理之中，而且恐惧人事的局面，它们和其他个人的行为一样，在社会现象的一层里受到它们的约束。

感情是心理方面说是一种体内的行为，导发外表的行为。William James 说感情是内脏的变化。这变化形成了动作的趋势，本身是一种紧张状态，发动行为的力量。如果一种刺激和一种反应之间的关联，经过了练习，已经相当固定的话，多少可以成为自动时，就不会发生体内的紧张状态，也就是说，不带着强烈的感情。感情常发生在新反应的尝试和旧反应的受阻情形中。

这显然所谓感情相当于普通所谓激动，动了气，甚至说了气，后火来形情感情，就在相注迫的纷忙紧张的状态上。从社会关系上说感情是具有破坏和创造作用的，感情的激动改变了原有的关系。这也就是说，感情的激动和固定的社会关系是不相容的一种表示。其实，感情的淡漠是稳定的社会关系的一种表示，所以我在上篇说损忙作事业所需要正在感情。

稳定社会关系的力量，不是感情，而是了解。所谓了解，是指接受着同一的意义体系，同样的刺激会引起同样的反应，我在论"文字下乡"的两篇里，已说起过乡间夫妇的亲密感情，不用语言而是种种亲密感和激动性的感情相和谐的。它是契洽，是发生持续作用的，它是无言的，不象感情奔放时锣鼓有声，歌笑哀号是激动时不快的配合。

Oswald Spengler 在"西方陆沈论"里曾说过两种文化模式，一种他称作亚普罗式的 Apollonian，一种他称作浮士德式的 Faustian。亚普罗式的文化认定宇宙的安排有一个完善的秩序，这个秩序超于人力的创造，人不过是去接受它，安于其位，维持它；但是人类维持它的力量总没有，天堂遗失了，黄金时代过去了。这是西方古典的精神。现代的文化却是浮士德式的。他们把冲突看成存在的基础，生命是阻碍的克服，没有了阻碍，生命也就失去了意义。他们把前途当作无尽的创造过程，不断的变。

这两种文化观很可以用来了解乡土社会和现代社会在感情定向上的差别。乡土社会是亚普罗式的，而现代社会是浮士德式的。这两套精神的差别也表现在两种社会最基本的社会生活里。

悲剧哲学家尼采

陈鼓应著，1988年4月第一版，大32开，平装，定价3.55元。

作者研究尼采成果的汇总。第一部分《悲剧哲学家尼采》，第二部分《尼采哲学散论》，第三部分《尼采原著摘译》，第四部分《尼采年谱》。

"海外学人丛书"之一。也是我设计的套书之一。

陈鼓应(1935—)
曾任台湾大学哲学系
教授,美国加州大学研究
员,现任北京大学哲学系
教授。主要著译者,《老子
注译及评介》(中华书局),
《庄子今译今注》(中华书
局)、《耶稣新画像》(三联
书店)、《悲剧哲学家尼采》
(三联书店)、《老庄论集》
(与张松如合著,山东齐鲁
书社)、《存在主义》(与孟
祥森合译,商务印书馆)。

悲剧哲学家
尼采

陈鼓应著

悲剧哲学家尼采

陈鼓应著

ISBN 7-108-00052-6/B·14   定价 9.80 元

生活·读书·新知三联书店

所思

张申府著，1986 年 12 月第一版，平装，定价 1.25 元。

　　书前有著者初版时写的序言和张岱年写的《重印〈所思〉序》。
初版于 1931 年。这次重印，将《续所思》收入。

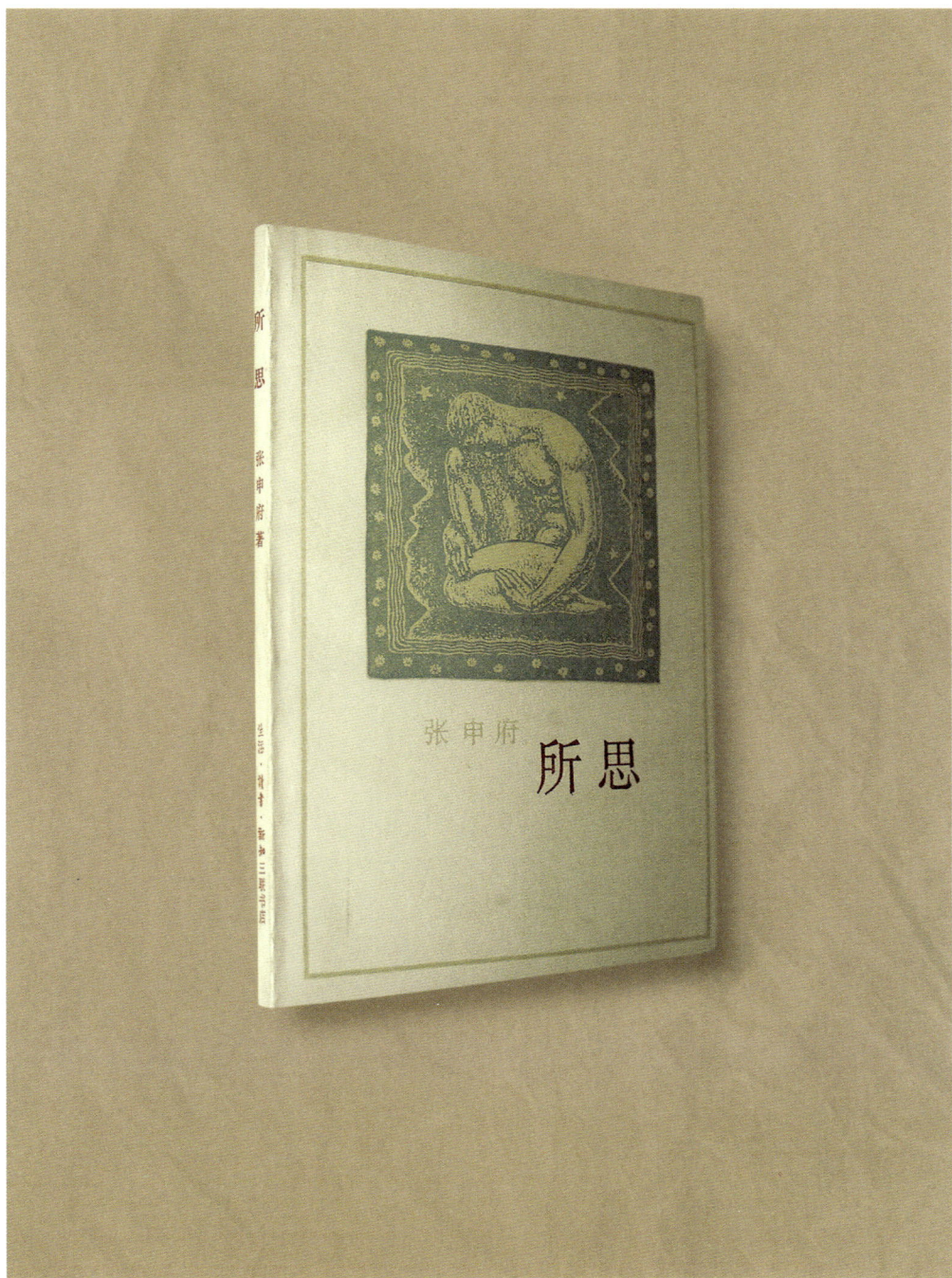

所思　　　141

孩子的心理

［美］海姆·金诺特著，伍江、刘恕译，1987 年 7 月第一版，32 开，平装，定价 1.10 元。

　　"科学与生活丛书"之一。如何对待孩子的种种不良习惯？作者提出应通过心理研究的方法去体察、解决。

　　这套书的读者是大众，而非单纯的文化人，所以，设计时注意了颜色鲜亮些。

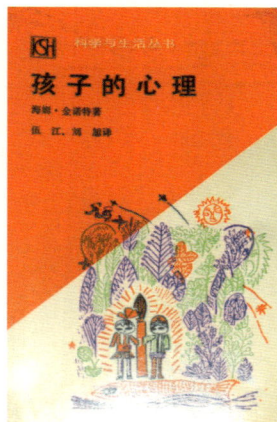

　　叶雨书衣

《马克思恩格斯选集》
中的希腊罗马神话典故

戈宝权编写，1978 年 4 月第一版，32 开，平装，定价 0.65 元。

包括"神的故事""英雄传说""历史传说""古代东方神话"四部分。

叶雨书衣

《马克思恩格斯选集》中的希腊罗马神话典故

《马克思恩格斯选集》中的
希腊罗马神话典故

　　叶雨书衣

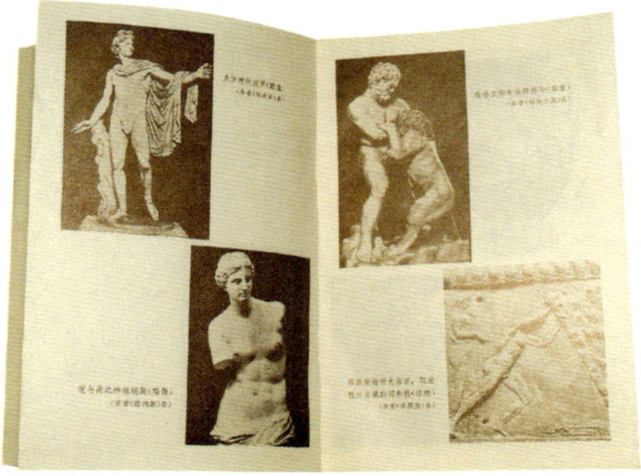

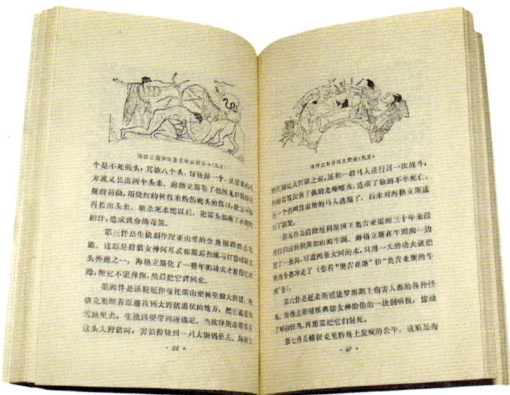

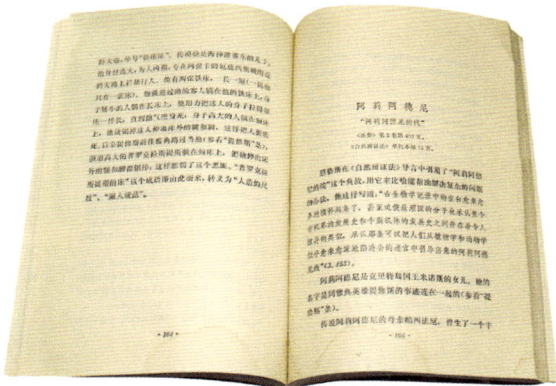

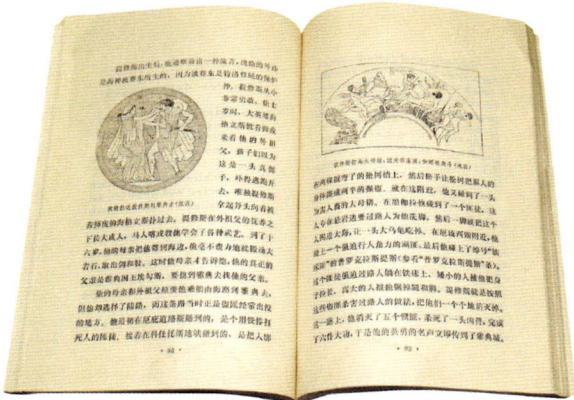

扫叶集

舒湮著，1987 年 12 月第一版，32 开，平装，定价 2.60 元。

　　作者散文、杂文、随笔、游记、考据及曲剧评论等文字的结集。前有舒芜的序。插图十一幅。

杂格咙咚

倪海曙著，1981 年 8 月第一版，32 开，平装，定价 1.60 元。

　　著者在四五十年代写的一些文艺作品，主要是诗歌，也有戏曲、小说、散文，还有"文革"中写的一些未发表的诗。

　　这是比较"杂"的一本书，所以封面设计的也比较"杂"。扉页用了两个色。封面书名用书写体，扉页则用作者手写签名。没什么意义，好看而已。

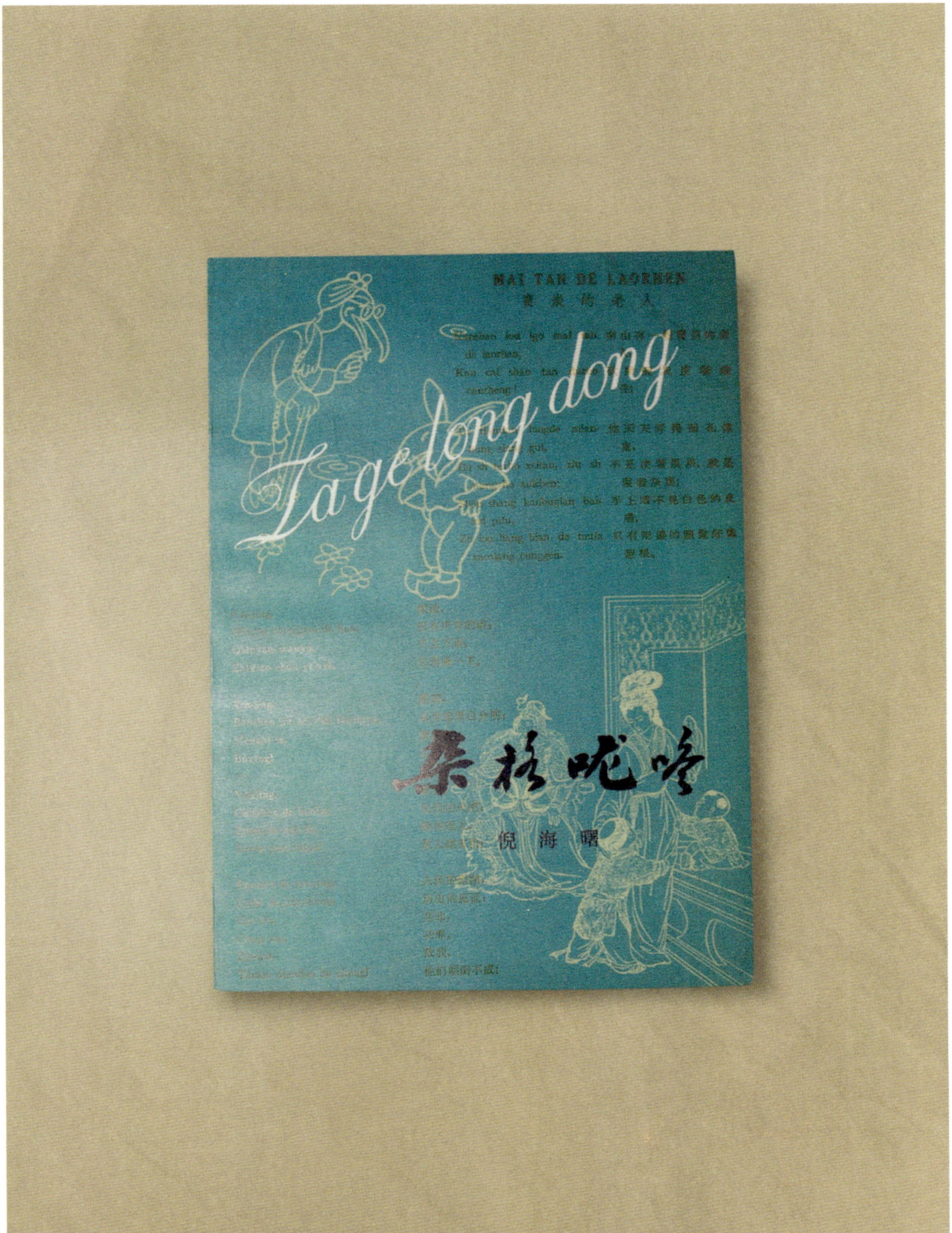
MAI TAN DE LAORHEN
卖炭的老人
Za ge long dong
杂格咙咚
倪海曙

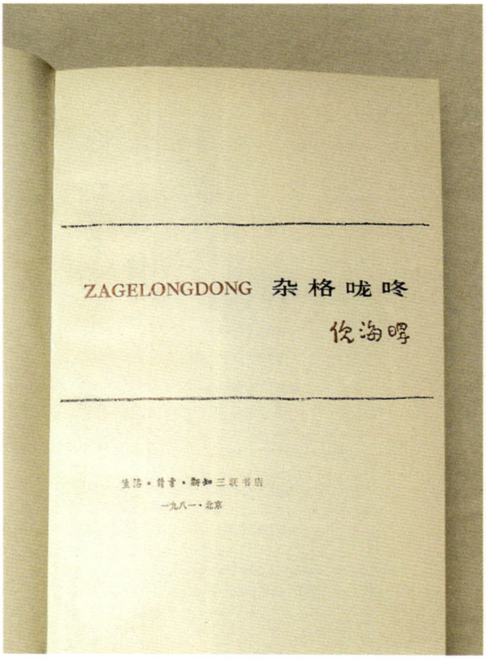

ZAGELONGDONG 杂格咙咚

佟海晔

生活·读书·新知 三联书店
一九八一·北京

民间文艺丛书

雜格聽咚集

倪海曙輯

上海北新藝局印行

1945—1950

①

叶雨书衣

七六、少爷

手里擎着打猎的老鹰，
身上穿着绣花的衣裳；

走起路来摇摇摆摆，
整天就在街上闲逛！

338

从来不知道农民的辛苦，
也不懂得庄稼的名堂；
人家问他三皇五帝，
他说是五个土地三个城隍！

【原诗】 公子行
贾 岛

锦衣红夺手擎鹞，闲行气貌多轻忽。
稼穑艰难总不知，五帝三皇是何物。

339

实头叫我气愤！
"哎哟！旧年我还瞒生出来勒嗳！
叫我那亭骂法介？"
羊实梗回答。
"弗是倷末，就是听笃老兄！"
"我哦弗老兄格嗳！"
"总归是听笃一家门！
听笃格些羊头儿，
统统弗是好人！
还有牧童搭仔恶狗，
个个对我实梗凶狠！
人家财对我说，

60

我应该报仇雪恨！"
就勒浪格搭场化，
狼提仔倔去，
捉到森林里向，
吞吃仔格只小羊。
讲哈个法律手续，
办哈个官样文章！
倷有天大格道理，
我拿倷吃勒肚里！

1946年

61

诗词存稿

黄洛峰的书。他自己写的书名，由我来设计，是送给朋友看的。

　　1937年，日本军逼近我的家乡，学校不上课了。母亲和外婆为保住我这个独苗，就把我送到武汉投靠舅公。舅公在会文堂书局当经理，从上海搬来的读书生活出版社租用会文堂书局二楼办公，我常去那儿看书、看杂志。黄洛峰是出版社经理，他很喜欢我，用印书的纸边钉了本子，教我练习写字。后来舅公因病回浙江老家，就把我托付给黄先生，于是十六岁的我成为读书生活出版社的工作人员。

　　黄洛峰先生是引导我走上革命道路的人，是我的恩师。

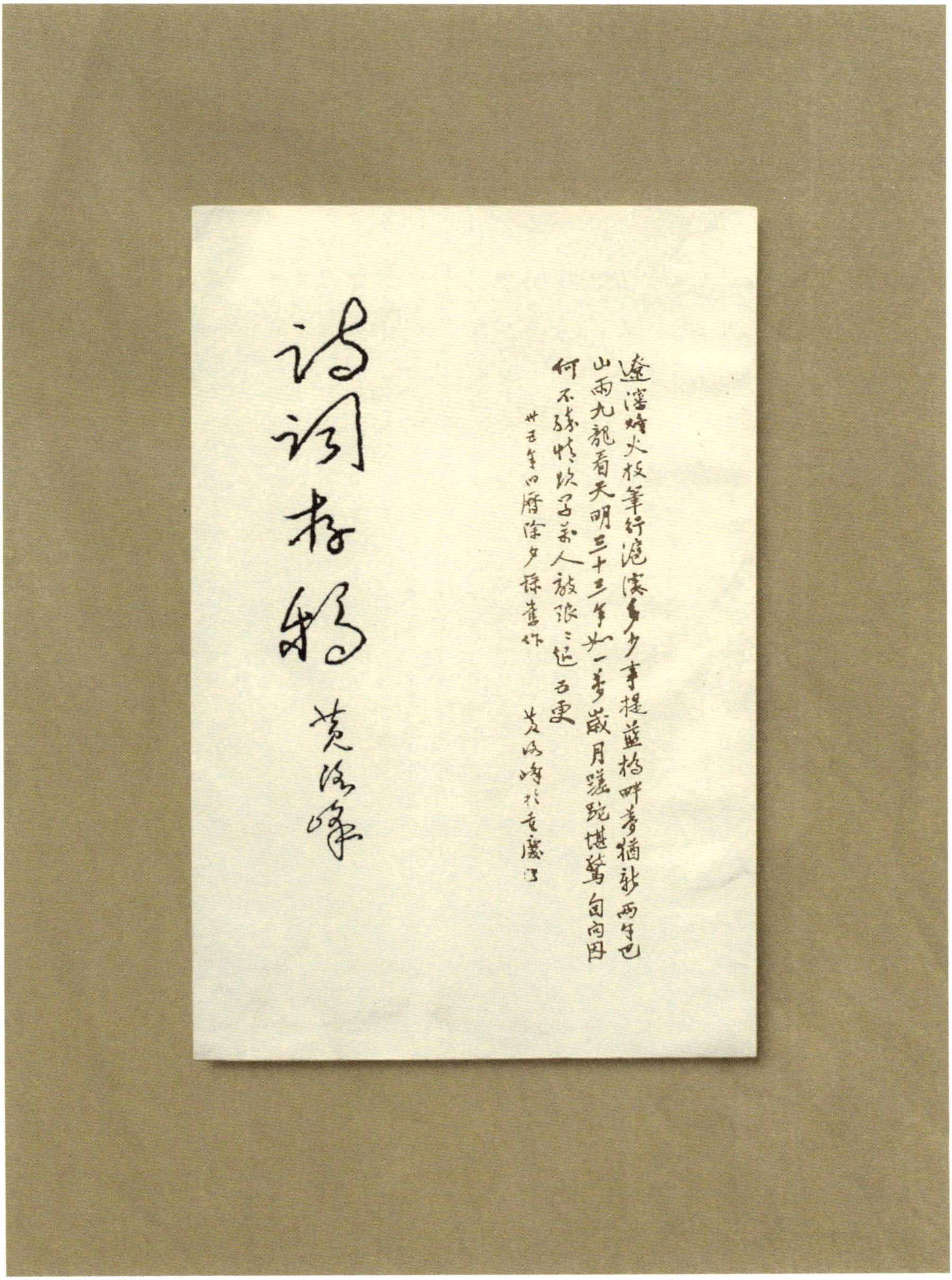

逢滥焊火投笔行涩溪多乡事提蓝格畔荸荠秋两午也

山雨九龙看天明三十三年大一梦岁月蹉跎堪惊句向丹

何不殊怅欢吕弟人敲张一遁五更

卅三年四腊除夕孙奋作

黄淬峰书於重庆

诗词存稿

黄淬峰

诗人的两翼

曾卓著，1987 年 5 月第一版，窄 32 开，平装，定价 1.40 元。

　　"今诗话丛书"之一。诗人谈自己的创作经历、经验和体会。

　　这套书出了十多种。很小巧的一套丛书，设计也很随意。封底列出丛书目录，其实也有装饰作用。后勒口汇集三联版过去的一些与诗有关的书目，便于读者延伸阅读——我认为这也属于设计因素。

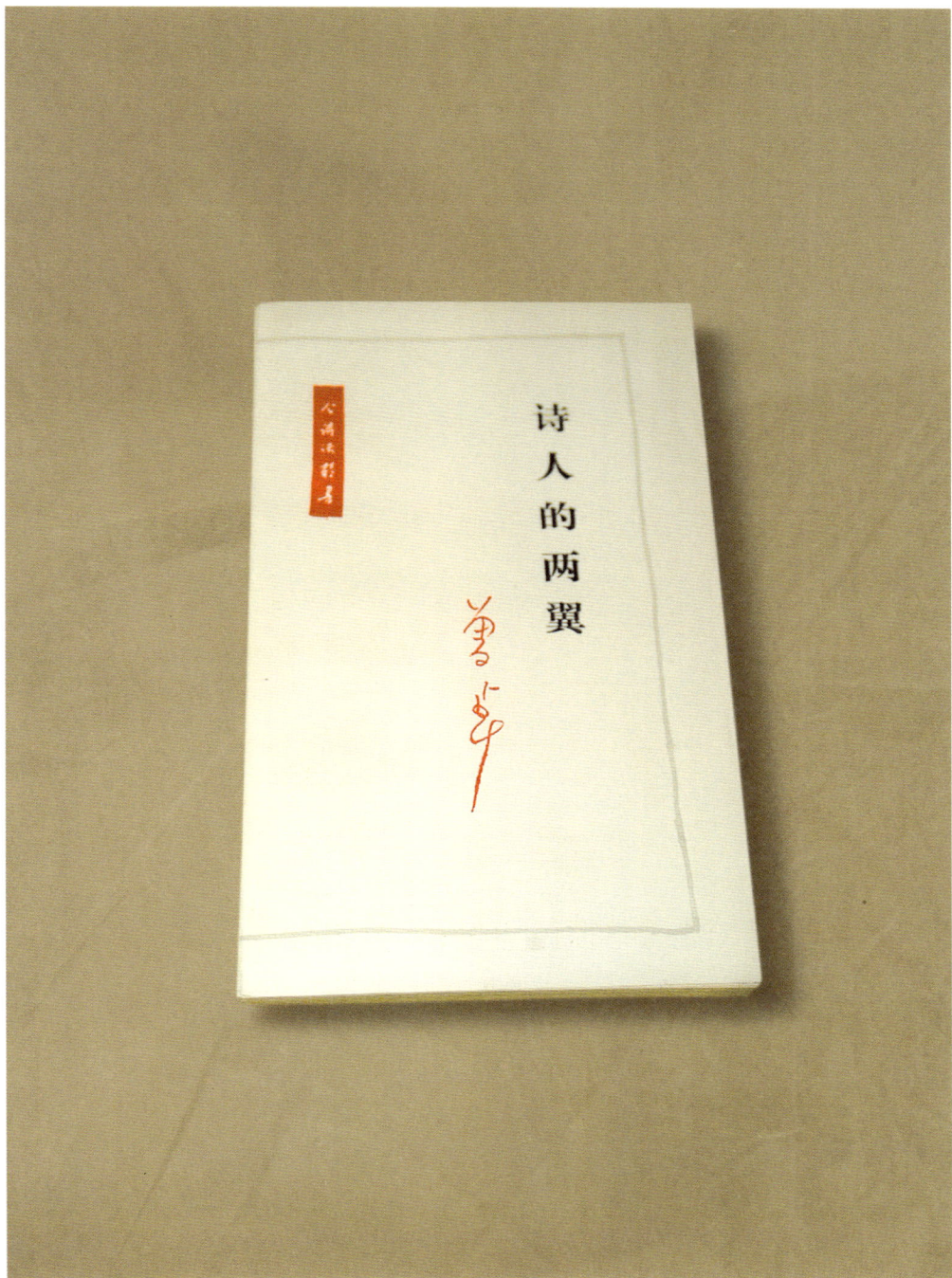

香港，香港……

柳苏著，1986 年 12 月第一版，32 开，平装，定价 2.20 元。

散文集。描述评介香港的社会景况、世态人情。

　　叶雨书衣

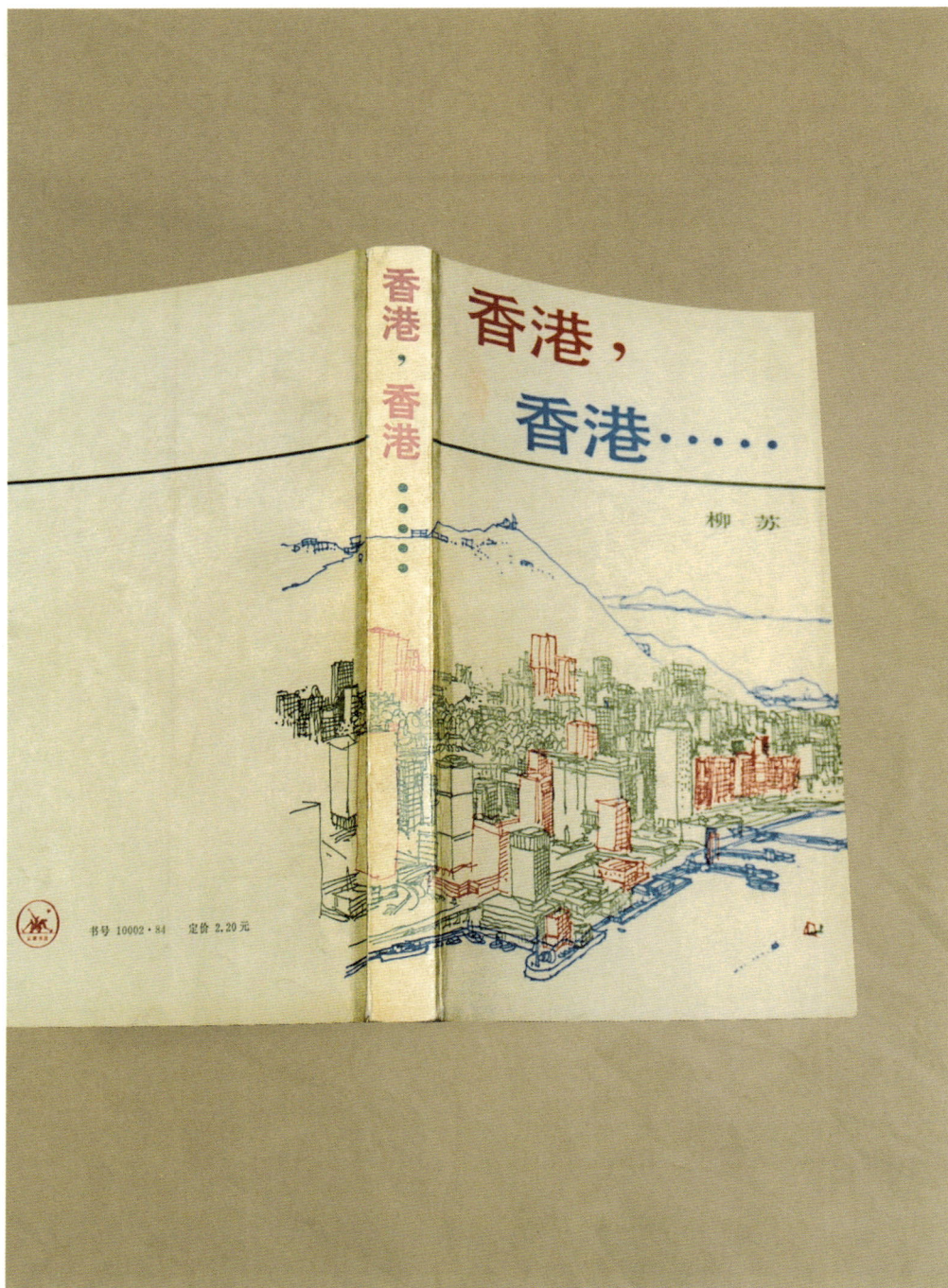

叶雨书衣

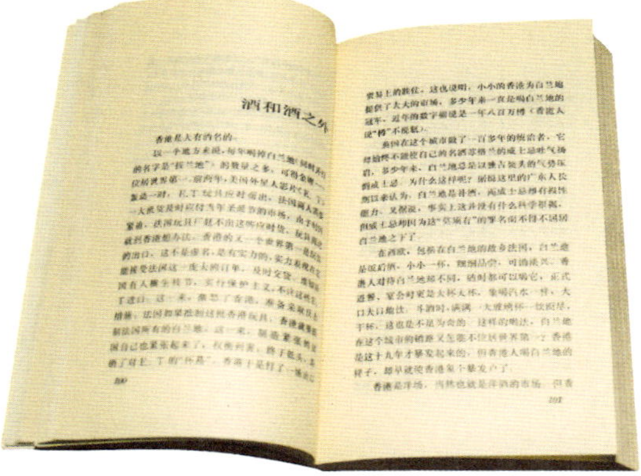
酒和酒之外

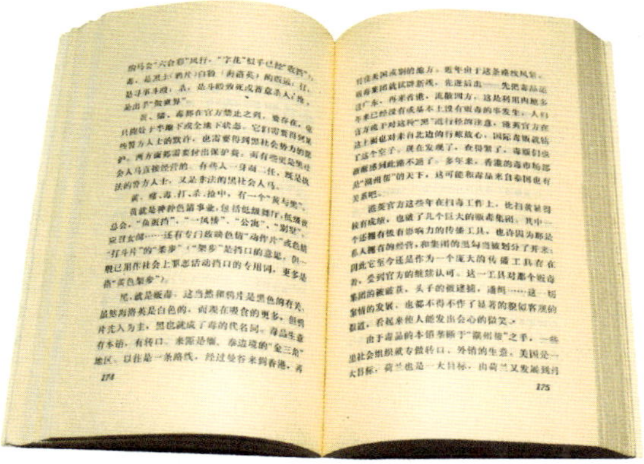

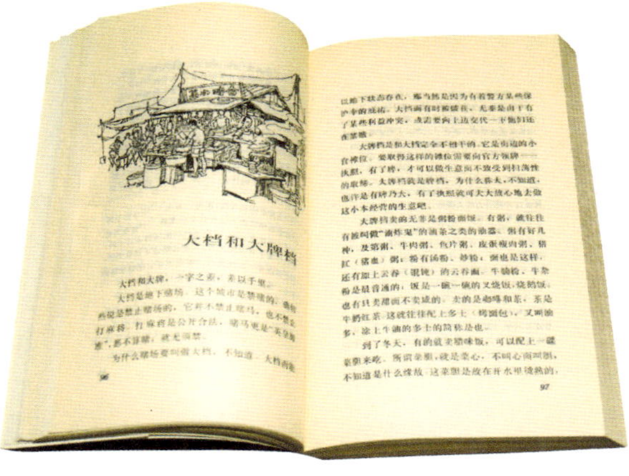
大档和大牌档

世界美术名作二十讲

傅雷著，1985 年 11 月第一版，32 开，平装，定价 2.40 元。

收有彩图十六幅。书前有庞薰琹写的《〈世界美术名作二十讲〉与傅雷先生》。图片是日本小学馆提供的。

世界美术名作二十讲

傅　雷

拉斐尔

一、《美丽的女园丁》

莱渥那·特·文西、米盖朗琪罗、拉斐尔，原是文艺复兴鼎足而立的三杰。他们三个各有各的面目与精神，各自实现文艺复兴这个光华灿烂的时代的繁夏多彩的精神之一面。

莱渥那的深，米盖朗琪罗的雄，在艺术上自成一支巨流；综合起来造成了画家宫廷，照返滋长的近代文化。

拉斐尔在二十四岁上离开了他的故乡乌尔皮诺（Urbino），是看离开他老师斐罗琪诺（Perugino）的乡土罗尔士（Ptorino）起。因为当时意大利的艺术家，不论他生长何地，都要离着冷漠来探访"盛名"。在这豪贵贯骄纱的境里，住满名满他世的大师。他是一个无名小卒，他须到处寻觅工作，投递介绍信。可是他已经画过不少名母像，如 Madone Sally, Guspanmenn de la Vierge, 还有那著名的 Madone du Grand Duc 等，为今日的人们所欣赏的作品。但那时候，他还得自个，以便博取众人的等待的时间，在艺人的生涯中往往是能产生杰作。在离开奉住了一年，他到奉罗马。正当一五〇八年前后，教皇于勒二世当道，这是拉斐尔装饰教皇宫的时代，光荣胜快地，出于意料地走了。

现藏罗浮卢佛宫的 La Belle Jardinière（《美丽的女园丁》），一幅圣母与耶稣合倚的名称），便是这时期最好的代表作。

在一所花园里，圣母坐着，看护两个在嬉戏的孩子，这是慈

拉斐尔：《美丽的女园丁》（1507年）
Raffaello: La Belle Jardinière

他的衣服，如在弥氏其他作品中一样，纯粹是一种衬托，它的存在不是为了写实，而适应造形上时代的需要。因了这些衣服，腿部的力量更加显著：雕得下部的体积亦颇之加地，使全体的基础越加坚固。

末了，我们还要注意，《摩西》像大体的动作是雄壮豪快的；这是意大利艺术兴盛期雄浑苍劲艺术的特色，亦是罗马雕刻的作风，即明白与简洁。

《奴隶》是与《摩西》同时代的作品。

三十年后，于勒二世的坟墓终于造成了，没有办法应用这座《奴隶》。弥氏把它们送给一个意大利的革命党，在他逃往法国的时候，亦一起带到了巴黎。一六三二，蒙莫朗西送给路易十四的侄女奥爱（Ribelle）。整个十八世纪，它们被放在亭氏的花园里。法国大革命后，它被送进卢佛宫，一直到今日。

这些雕刻原来有何种意义，我们已在上面讲过，它们以现代表着一种造形的作用，因为它们延展层柱头的装饰，是在柱头上的装饰；一奴隶被作侧面的，因为它是正面的，因为它是正面与柱头上的装饰——一个奴隶是它位两旁柱头上的，既然它们的作用是建筑装饰，所以它们倾动是作来自于面上的，高度的。

在这件作品上，因为全身肌肉的拘挛，更充分显出光暗的游戏。

末了，我们还要提醒一句：弥盖朗琪罗是一个人，是一个菩阗的诗人。他一生轮流供多少教皇与诸侯们打遍，惨遭他毕生完成的事业除了西施廷教堂以外，其余都是有利并断了的期结果。只在艺人的心上，留下千古的遗憾。他不能够完成在于勒二世的坟墓上圆然各不相让，但究竟是知己，他不能再生完了心愿，亦是一桩称着良心的痛着。在这样一种悲剧的失望中，弥氏给我们留下一尊《摩西》与两项《奴隶》。

弥盖朗琪罗：《奴隶》
Michelangelo: Schiavo "Ribelle"

叶雨书衣

莱沃那·特·文西：《瑶公特》

Leonardo da Vinci: Mona Lisa

她真在微笑，那么，微笑的意义是什么？是不是一个和蔼可亲的人的温婉的微笑，或是多愁善感的人的感伤的微笑？这微笑，是一种蕴藏着的快乐的标帜呢，还是处女的童真的表现？这是不容易且也不必解答的。这是一个莫测高深的神秘。

然而吸引你的，就是这神秘。因为她的美貌，你永远忘不掉她的面容，于是你就仿佛在听一曲神妙的音乐，对象的表情和含义，完全跟了你的情绪而转移。你悲哀吗？这微笑就变成感伤的，和你一起悲哀了。你快乐吗？她的口角似乎在牵动，笑容在扩大，她面前的世界好像与你的同样光明同样欢乐。

28

在音乐上，随便举一个例，譬如那通俗的"佛尼市狂欢节"曲，也同样能和你千人的情操融洽。你痛苦的时候，它是呻吟与呼号；你喜悦的时候，它变成愉快的欢唱。

"瑶公特"的谜样的微笑，其实即因为它能给予我们以最飘渺、最"恍惚"、最捉摸不定的境界之故。在这一点上，特·文西的艺术可说和东方艺术的精神相契了。例如中国的诗与画，都具有无穷（infini）与不定（indéfini）两原素，让读者的心神获得一自由体会自由领略的天地。

当然，"瑶公特"这副面貌，于我们已经是熟识的了。鲍梯却梨的若干人像中，也有类似的微笑。然而莱沃那的笑容另有一番细腻的、谜样的情调，使我们忘却了鲍梯却梨的《春》、维纳斯和圣母。

一切画家的这件作品中看到谨严的构图，全部技巧都用在表明某种特点。他们觉得这副微笑永永保留在他们的脑海里，因为脸上的一切线条中，似乎都有这微笑的余音和回响。莱沃那·特·文西是发见真切的肉感与皮肤的颤动的第一人。在他之前，画家只注意脸部的轮廓，这可以由特·文西与鲍梯却梨或奇朗大育等的比较研究而断定。特·文西的轮廓是浮动的，沐浴在雾氛似的空气中，他只有体积；鲍梯却梨的轮廓则是以果敢有力的笔致标明的，体积只是略加勾勒罢了。

"瑶公特"的微笑完全含蓄在口缝之间，口唇抿着的皱痕一直波及面颊。脸上的高凸与低陷几乎全以表示微笑的皱痕为中心。下眼皮差不多是直线的，因此眼睛觉得扁长了些，这眼睛的倾向，自然也和口唇一样，是微笑的标识。

如果我们再回头研究他的口及下巴，更可发见莫娜丽莎的微笑还延长并牵动脸庞的下部。鹅蛋形的轮廓，因了口唇的微动，在下巴部分稍稍变成不规则的线条。脸部轮廓之稍有棱角者以此。

在这些研究上，可见作者在肖像的颜面上用的是十分轻灵的技巧，各部特征，表现极微晦；好似莫娜丽莎的皮肤只是受了轻幽的微风吹拂，所以只是露着极细致的感觉。

至于在表情上最占重要的眼睛，那是一对没有睫子的全无光

29

留真集影

生活·读书·新知三联书店北京联谊会编，1998年10月第一版，16开，软精装。

照片集。为纪念生活书店、读书出版社、新知书店建店六十五周年，生活·读书·新知三联书店成立五十周年，缅怀在革命斗争中献身的烈士，殉职的同志，长眠的战友而编辑。先后参加三店和三联的工作人员，大致有两千人。遗憾的是，好多老"三联人"，好多单位没有留下照片；有的同志没有寄来照片。因此，这本影集远远不能全面反映三联的历史面影。本书分四部分，附录三店、三联机构和人员名单。

这本历史留真的封面仍用黑、白、红三色，加上几幅发黄的老照片，以增强历史感。内文编排上没有刻意追求美观，因为照片太多，只是尽量做得干净而不混乱。

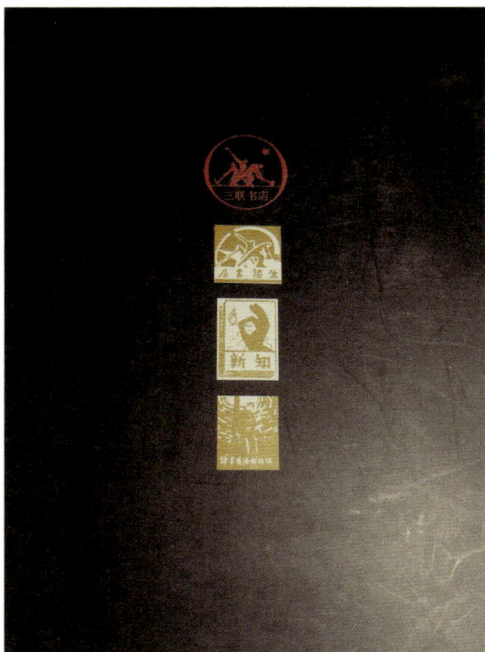

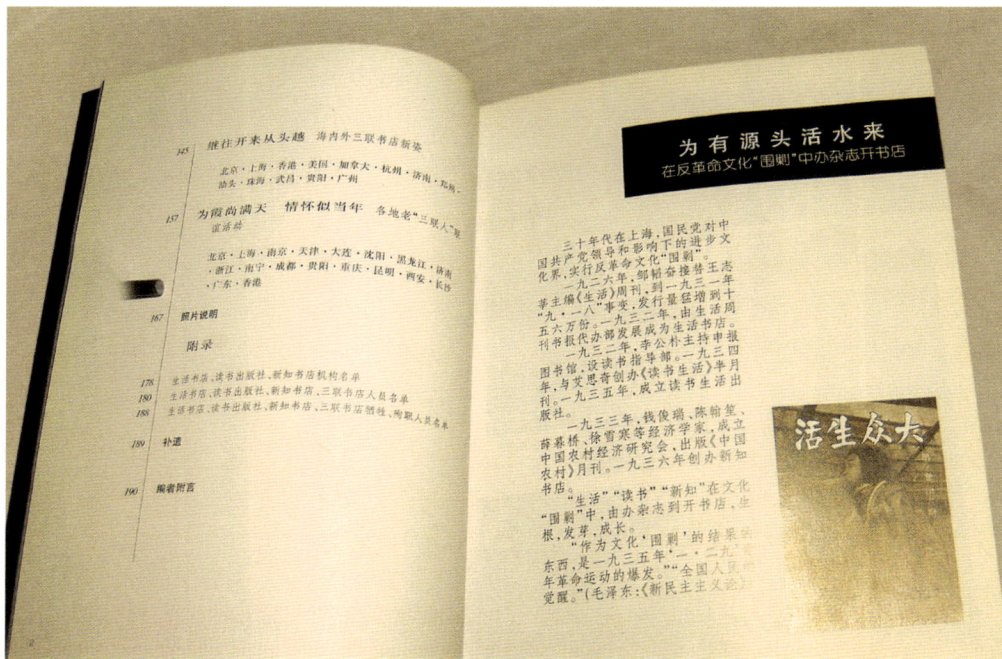

傅译传记五种

傅雷译，1983 年 11 月第一版，32 开，精装，定价 2.90 元。

包括《夏洛外传》《贝多芬传》《弥盖朗琪罗传》《托尔斯泰传》《服尔德传》五种。书前有杨绛《代序》，书后附《谈傅雷和罗曼·罗兰的通信》（戈宝权）。

设计这种内容的封面，实在想不出好办法时，就用铅笔画一些线条做底，再压上浅淡的英文和傅雷的手书签名，这些其实是作为图案，书名用黑色。

这本书的封面，看上去既西方，又中国。

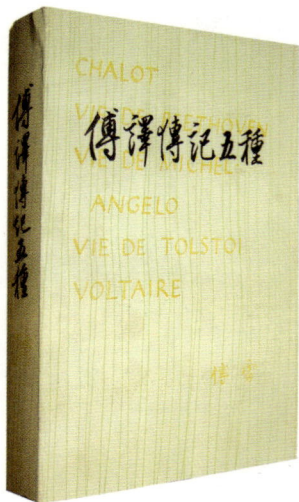

傅译传记五种　　*171*

叶雨书衣

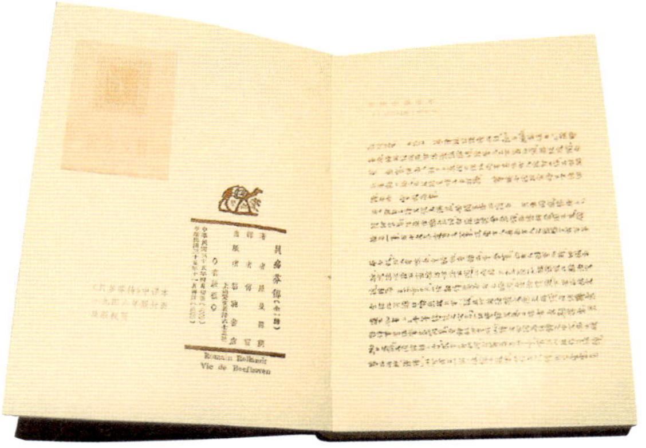
Romain Rolland
Vie de Beethoven

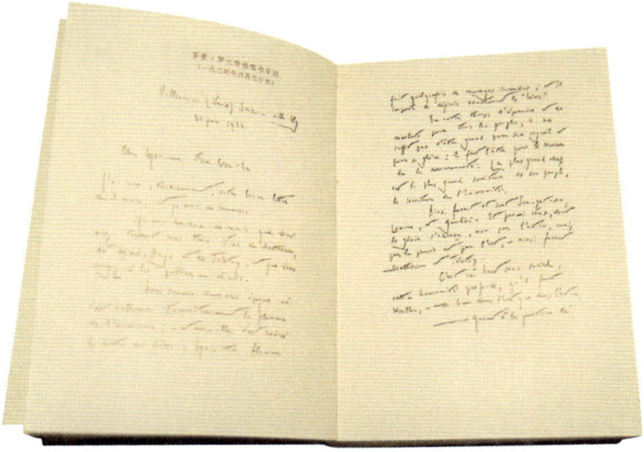

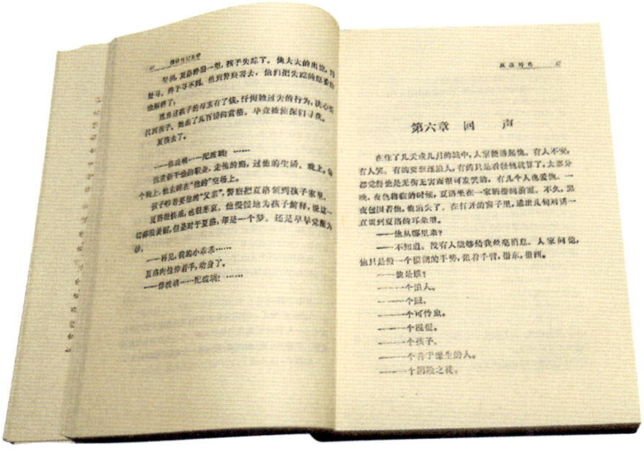
第六章 回 声

人间的普罗米修斯

回忆马克思恩格斯文集之一。人民出版社 1983 年第一版，窄 32 开，平装，定价 0.89 元。同时代人对马克思的回忆。

智慧的明灯

回忆马克思恩格斯文集之一。人民出版社 1983 年第一版，窄 32 开，平装，定价 0.90 元。同时代人对恩格斯的回忆。1983 年 3 月 14 日，是马克思逝世一百周年。人民出版社特推出"回忆马克思恩格斯"文集，共四种。

叶雨书衣

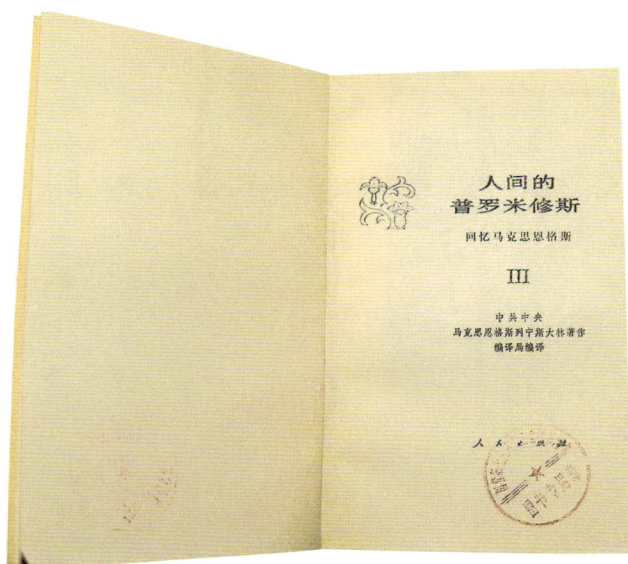

马克思（1866年）

晚年的燕妮

国际工人协会总委员会的会议地点
（1868年6月—1872年2月）

人间的普罗米修斯　智慧的明灯　　177

我当小演员的时候

新凤霞著，1985 年 2 月第一版，32 开，平装，定价 3.00 元。

照片十二幅，画像一幅，收回忆文章四十五篇，书前有黄永玉的《不一定是序》。丁聪插图。

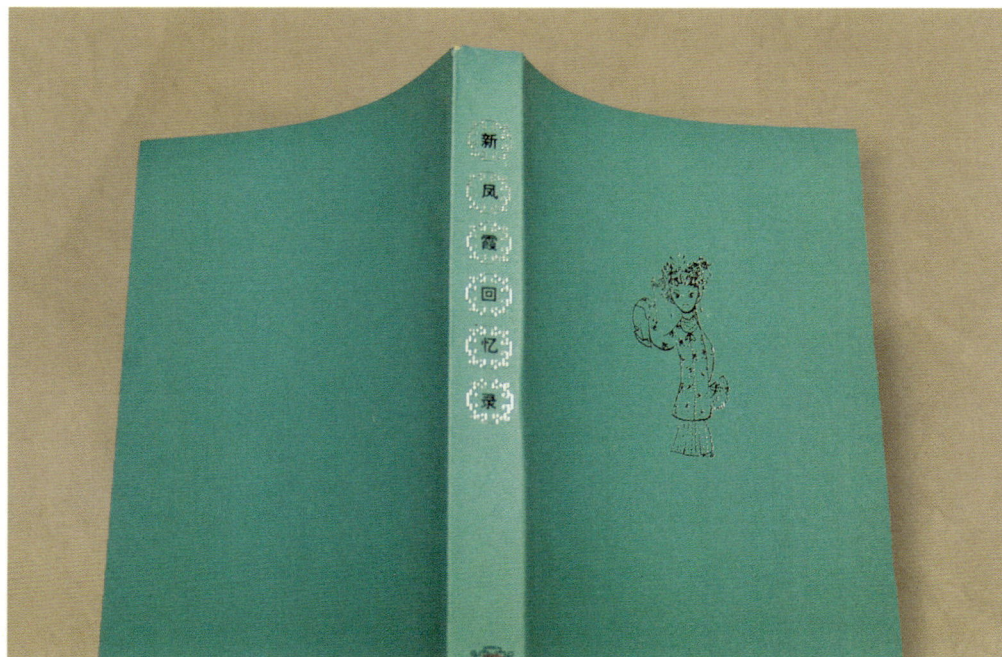

　　　　叶雨书衣

新凤霞回忆录之三

我当小演员的时候

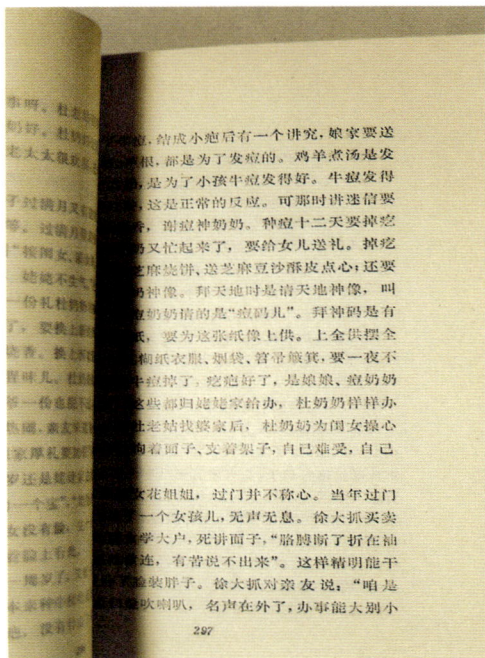

圆舞曲之王

普拉维著，潘海峰译，1987 年 7 月第一版，32 开，平装，定价 1.75 元。

　　奥地利作曲家约翰·施特劳斯的传记。书前有照片二幅。

　　这是一套人物传记中的一种，这种设计风格的只出了四种，以后发展成一大套书，我又另外设计了一种封面，如克鲁泡特金的《我的自传》。

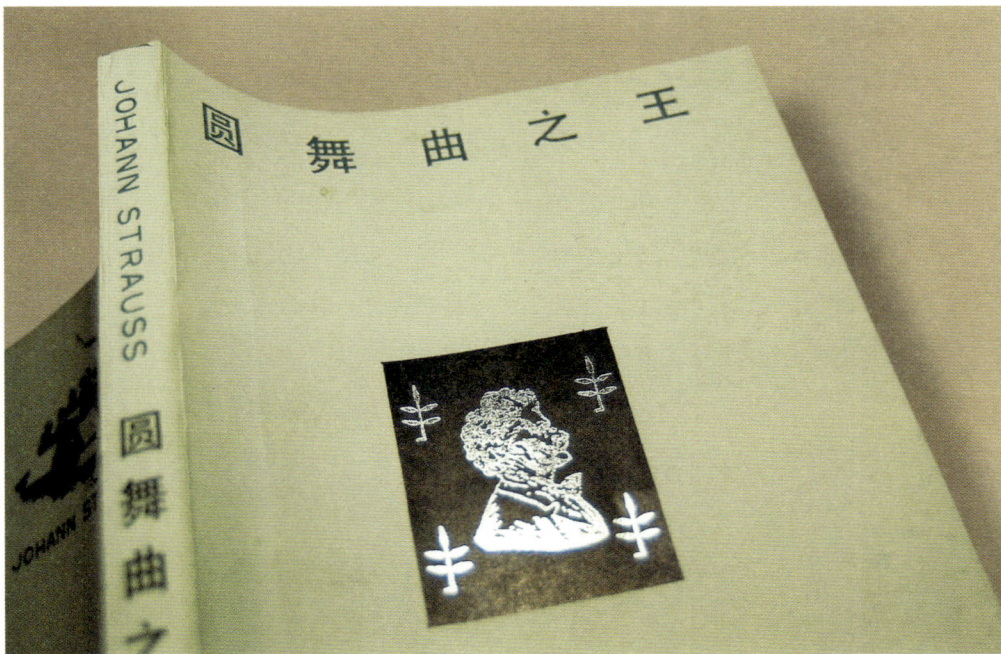

圆舞曲之王　　　　183

我的自传

克鲁泡特金著,巴金译,1985 年 10 月第一版,32 开,平装,定价 2.65 元。

　　收有照片八幅。书前有 1939 年 5 月写的"中译者前记"。

　　这套书都用深色底,加上黑色的花纹。很随意的花纹,但没有它就单调了。中间的传主肖像用木刻。这种设计,看上去也许比较厚重吧,适合传主的身份。

我 的 自 传

走我自己的路

李泽厚著，1986年12月第一版，32开，平装，定价2.85元。

　　谈政治、谈读书、谈美、谈诗、谈艺术的小文，大多与作者
的经历有关。

走 我 自 己 的 路

李 泽 厚

无鸟的夏天（1938——1948）

韩素音自传，1984 年 3 月第一版，窄 32 开，平装，定价 1.50 元。

　　自传共三本，另外两本是《伤残的树》（我的父母和童年），1983 年 5 月第一版；《凋谢的花朵》（1928—1938），1982 年 8 月第一版。

　　三本书封面都用了钢笔画，白底，彩框，排有颜色的书名。当时出版了一套与中国有关的外国友人写的回忆录，都用了这种设计风格。

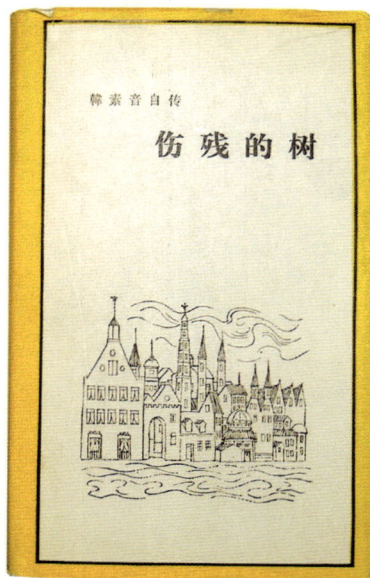

　　叶雨书衣

无鸟的夏天（1938—1948）　　189

叶雨书衣

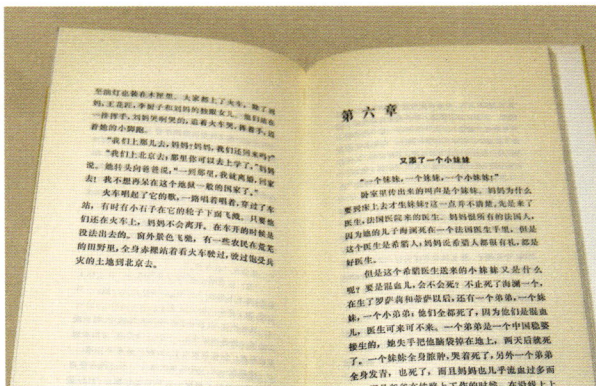

无鸟的夏天（1938—1948）

"我热爱中国"

［美］洛伊斯·惠勒·斯诺著，董乐山译，1978 年 10 月第一版，32 开，平装，定价 0.47 元。

著者是斯诺的夫人。为了治疗斯诺的癌症，中国派出了医疗小组。本书记述了在斯诺生命的最后几个月，中国医疗小组到达后，斯诺家里发生的动人故事。

这本书出得比较早，是这类书中较早的一本，以后出的都沿用了这种设计风格。封面上的斯诺像，是人民出版社的美编马少展让宁成春画的。这一封面曾获奖。

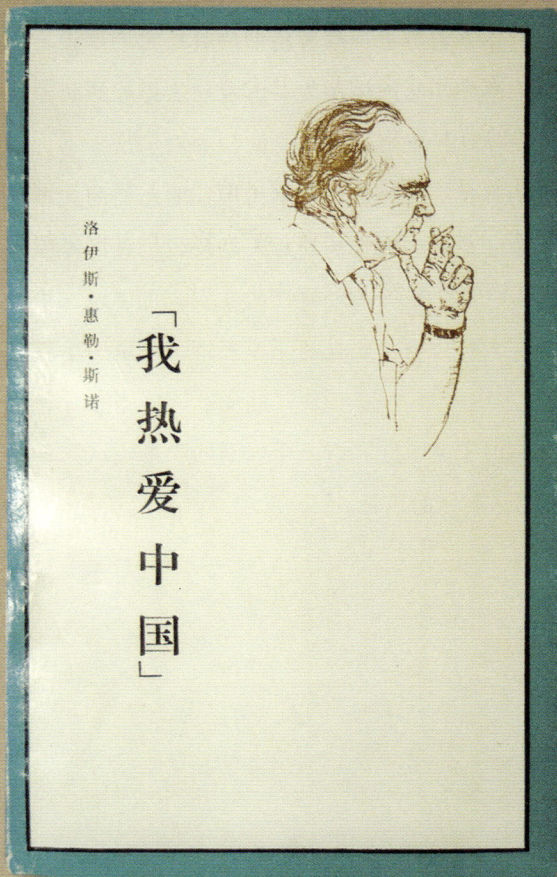

战斗在白区——读书出版社1934—1948

范用编，2001年10月第一版，32开，平装，定价35.00元。

80年代中期，三联书店联谊会发起编写生活书店、读书出版社、新知书店和三联书店历史。作为读书出版社的工作人员，我愉快地接受了这一任务。通过向在读书出版社工作过的同志和读书出版社的朋友们征稿，用了十多年时间，编出了这本书。其中第一部分是读书出版社工作人员和读书出版社朋友们的文章，偏重于社史；第二部分是回忆出版社创始人以及回忆黄洛峰等主要领导人的文字；第三部分是一些资料性的文字。可以说，里面的每一篇文章都饱含着对读书出版社的深厚感情，记录了出版社的战斗历程。

这本书的封面用了黑、红、白三个强烈的颜色，这颜色代表了那个年代和读书出版社的风骨。

战斗在白区——读书出版社1934—1948

我爱穆源

范用著，1995 年 11 月第一版，窄 32 开，定价 6.80 元。

这是我写给母校江苏镇江穆源小学小同学的十六封信和八篇记述师友的回忆文章。在十六封信里，记述了早被日本飞机炸光的校舍，当时的老师、同学和大家踊跃参加的各项活动。

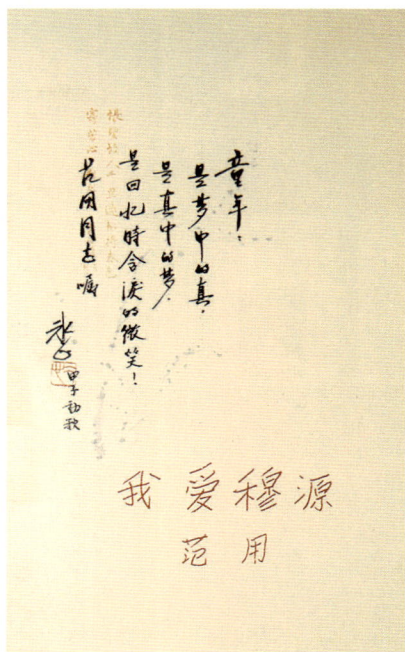

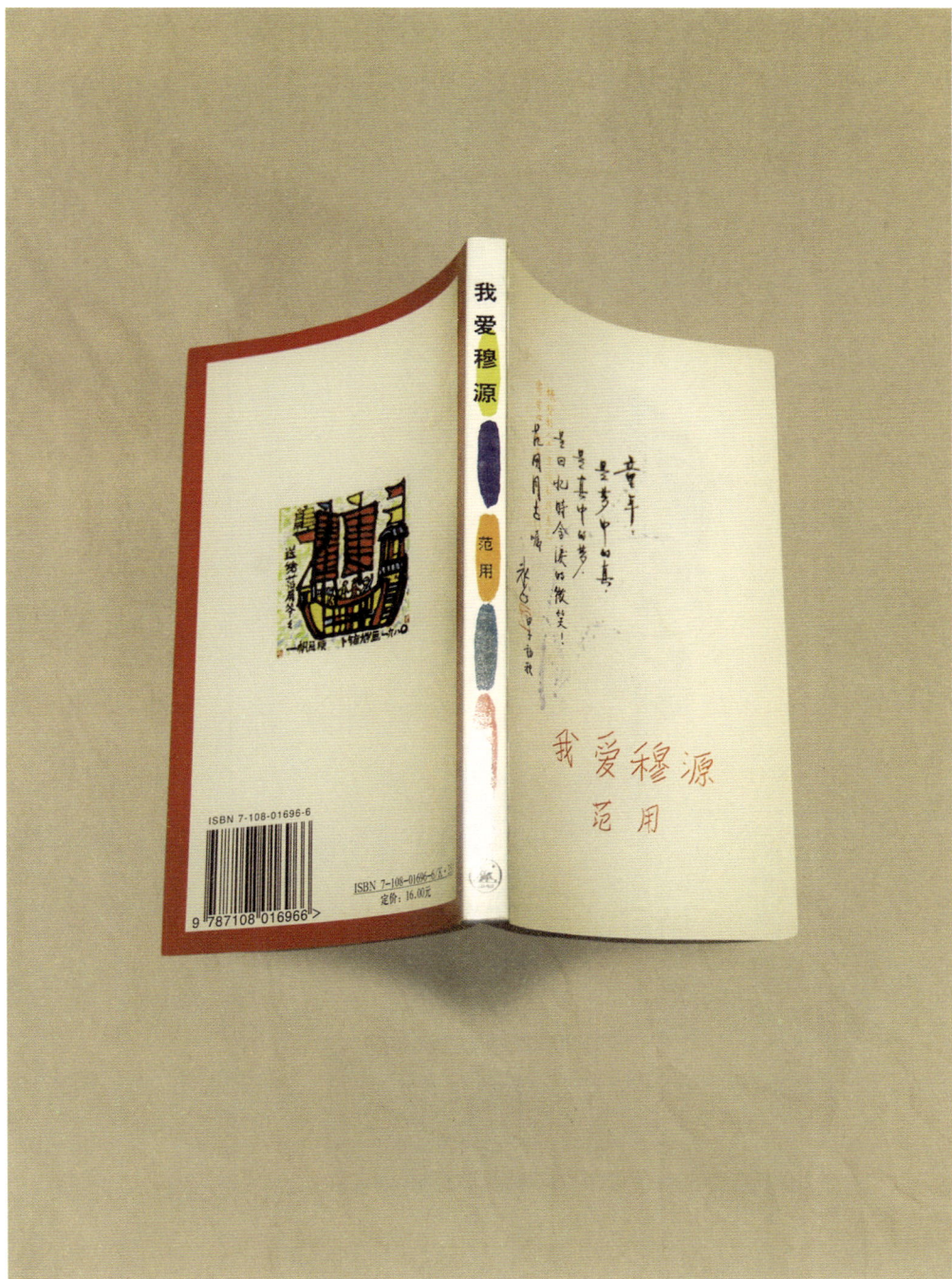

我爱穆源

范用

生活·讀書·新知 三联书店

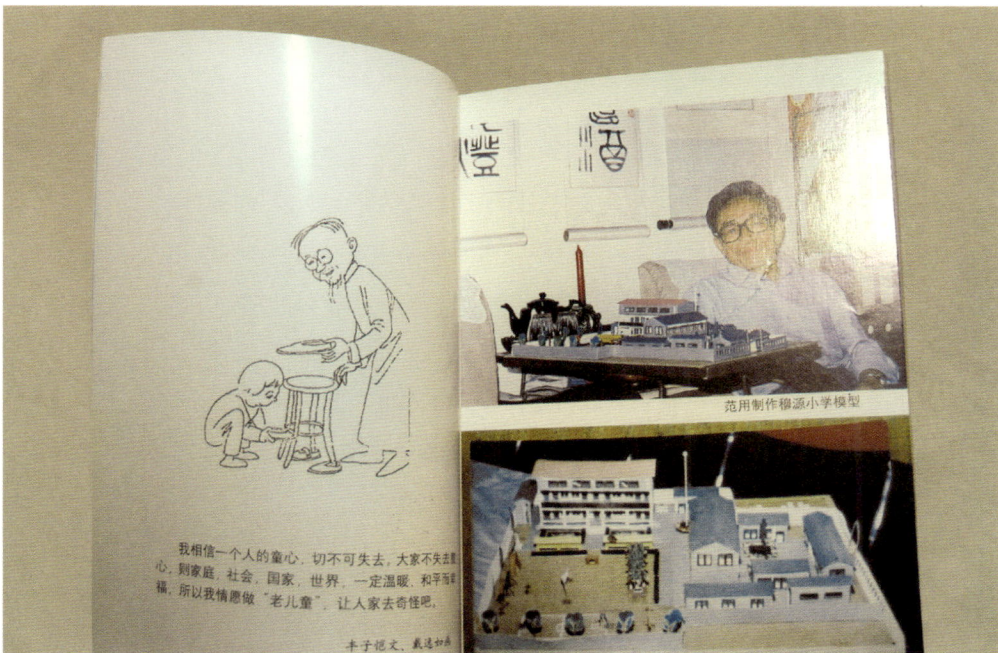

范用制作穆源小学模型

我相信一个人的童心，切不可失去，大家不失童
心，到家庭，社会，国家，世界，一定温暖，和平与幸
福，所以我情愿做"老儿童"，让人家去奇怪吧。

丰子恺文，戴逸如画

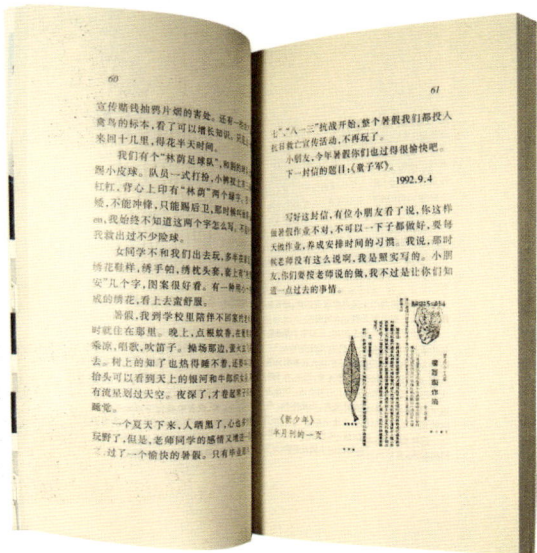

泥土　脚印（续编）

范用著，2005 年 8 月第一版。窄 32 开，平装，定价 14.60 元。

我不善于写作。偶尔写点怀旧文字，怀念故乡，怀念母校，怀念同学师友。我是用真情实感写的。我的那本《我爱穆源》，承冰心先生题词："童年，是梦中的真，是真中的梦，是回忆时含泪的微笑！"这一本我从巴金先生题词取了"泥土""脚印"几个字作为书名。我也愿化作泥土留在先行者的脚印里。

扉页上我的漫画像是老友丁聪画的，封底画选自比利时版画家麦绥莱勒的作品集。读书生活出版社曾选用此图作为社标。

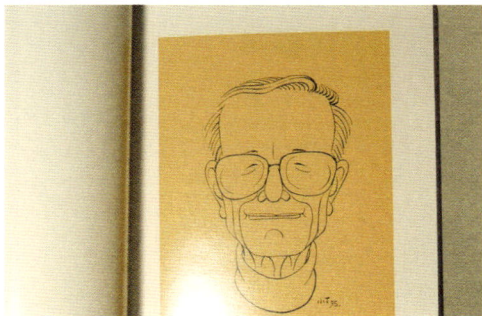

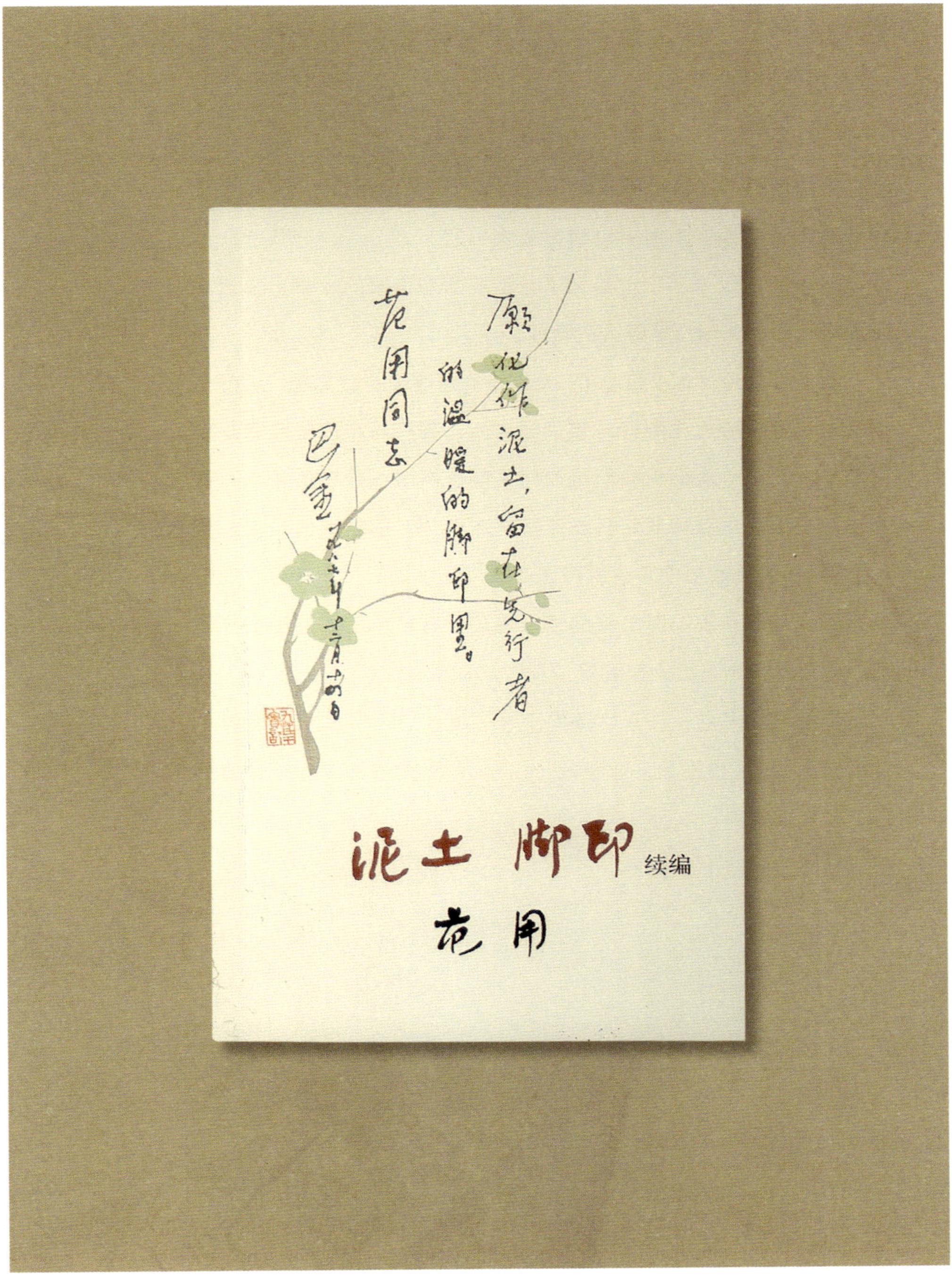

愿化作泥土，留在先行者
的温暖的脚印里

芝圃同志

巴金

一九八四年十二月十六日

泥土 脚印 续编

为书籍的一生

[俄] 绥青著，叶冬心译，1963 年 7 月第一版，32 开，平装，定价 1.70 元。

本书插图十三幅。根据苏联国家政治书籍出版社 1960 年版节译，原书系《俄罗斯图书史和出版史丛刊》之一。绥青是革命前俄国著名的出版家，书中回忆了他从业图书出版的故事，并记录了同时代作家托尔斯泰等人的轶闻。

我最早拿到这本书是 1961 年，先请懂俄文的朋友看，了解大概后即请叶冬心先生翻译。接读译稿后，我很高兴地给叶冬心先生写了一封信，告诉他我们是如何喜欢这本书，并请他补译一篇附录，是关于出版柯罗连科的《马卡尔的梦》的插图的。我在信中写道："尽可能把书籍装潢得漂亮些，是绥青的工作特色。现在我们在出版工作上，对书籍的插图也还没有给以足够的重视。因此，把这篇译出来给大家看看，可能是有意义的。"

这本书的书名，一开始译作《为书籍而生活——一个出版家的自白》，后又拟用《书业春秋》《把生命献给书》等。现在的书名，是我建议的。

转眼过了四十多年了。

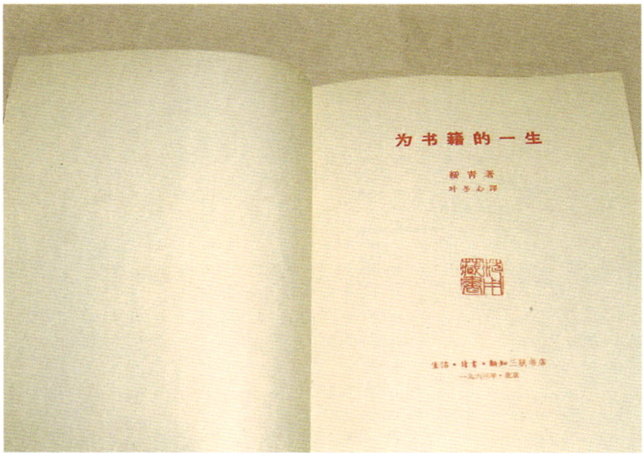
为书籍的一生
绥青著
叶冬心译
生活·读书·新知三联书店
一九六三年·北京

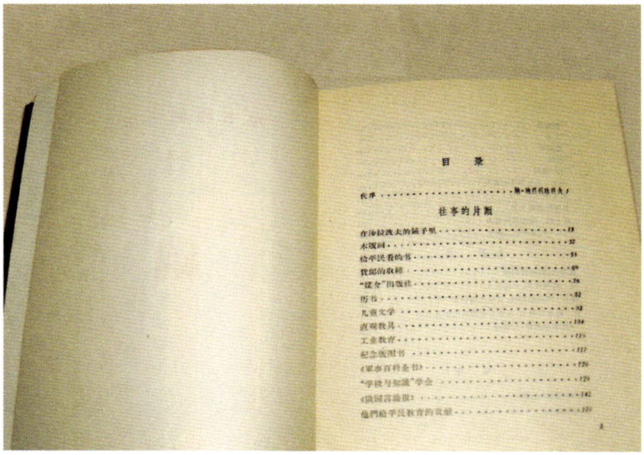
目录
往事的片断

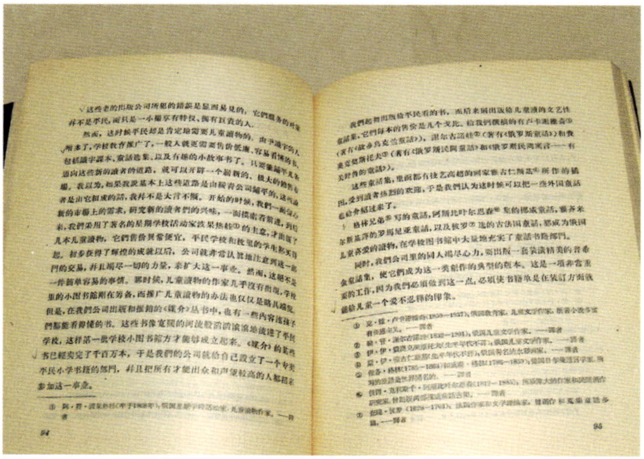

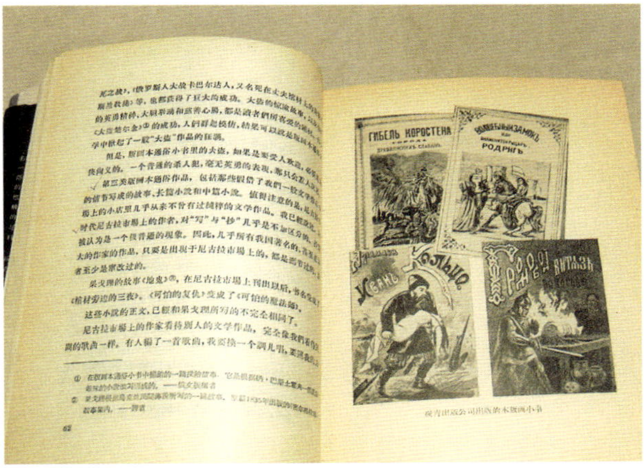

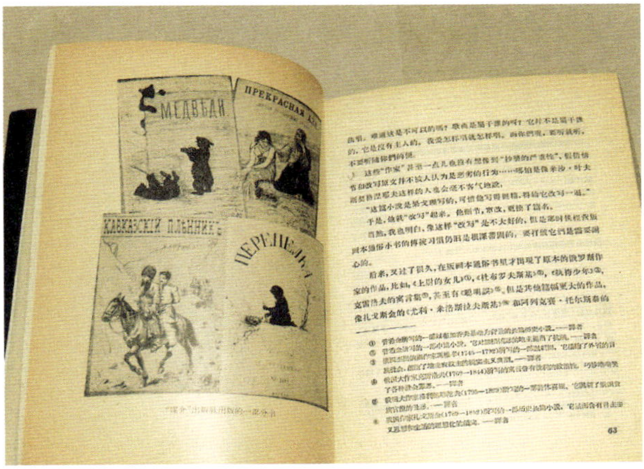

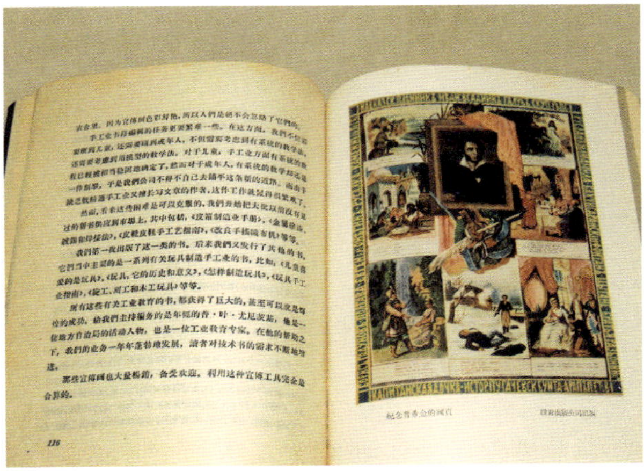

附　录

对我影响最大的一位长者

宁成春

　　1969年我调入人民出版社，从 70 年代初到 1986 年三联书店恢复独立建制。范老退休之前，我一直在他领导下工作。他很关心我，是对我影响最大的一位长者。我的书装设计的基本风格和理念都是在他的指导下形成的。

　　我们的设计审批是三审制，最后一审是范用同志。凡是他策划或者他喜欢的书稿，设计方案总是很难通过。打倒"四人帮"之后，人民出版社要出版一套外贸知识的丛书，记得董秀玉是责任编辑。当时设计方案都要画成印刷成品的效果。我画了几个方案，"小董"觉得不错，可范老不通过。又画了十几个，总共二十余个方案，最后他才选中一个。当时我想，不管画多少个，都是一种尝试，都是自己的积累。所以每个方案我都认真对待。有的时候我画的方案总是通不过，又急着开印，范老就笑眯眯地，哼着小曲走来，一只手拿着小纸片，纸片上用软的粗铅笔画着他思考的方案，一只手搭在我的肩膀上说："试着这样画一个"，"把这个（图）改一下"……他并不明确告知怎么改，我只能去揣摩他的意思。

"读书文丛"的标志就是这样，连画了几个方案都没通过，直到画成他提示的"一位裸体少女伴随小鸟的叫声在草地上坐着看书"才让他满意。这个标志现在看来很平常，可是70年代末"文化大革命"刚刚结束，心有余悸，不敢表达什么情调，何况这种裸体少女的形象！没有范老的启发和支持，我是不敢这么画的。出书后本店的一位编辑就曾笑着说："小宁，你这是画的什么呀！"

这套书的封面上把作者的书稿手迹断开，倾斜错落着排列，像雨像风，很有动感；下边是少女读书的标志。一动一静，处理得十分大胆、新颖。丛书出版以后，封面设计反应很好，在当时一片"红海洋"里显得格外清新悦目。

三联书店出版的斯诺夫人的《"我热爱中国"》，封面是交给美编组长马少展制作的。范老提供了一张斯诺照片的印刷品，组长让我根据照片画了一幅速写。记得是用咖啡色炭精棒画在布纹纸上。我感觉这个设计方案肯定是范老授意的，后来证明的确如此。斯诺肖像大小空间处理得当，最高明的是让斯诺背对书名，加强了他手持香烟思考的感觉。这是违反一般的设计常规的。当时范老不让署他的名字，版权页上设计者的署名是"马少展"，而且范老至今以为速写像是马少展画的。其实，那个年代大家并不在意署名，认为署名

DUSHU (Reading Monthly)

166 Chaonei Dajie

Beijing, People's Republic of China

戕看同志：

四人展很成功，使我大开眼界。丁聪说：就是跟过去大不一样。我们中国，善于吸收外来的东西，专攻唐就类垣，这是中国的长处。我希望不会忽视民族特美，推陈出新。你们四位如果了以练为一个学派，这一学派，原于东洋。我看过西方妇连传的一些女装，其特点是沉着、简练（无论是用色还是线条），似乎跟中国相近。总之，时装大家都来探索，那在实践中更日日复更上层楼。

DUSHU (Reading Monthly)

166 Chaonei Dajie
Beijing, People's Republic of China

《○人谈》俯刺、印装都很有特
色，次是翻起来比较费劲。

老朱，你们杂纸老板关係甚
好，所以13则他的赞助。洋纸较
贵 影响它的销路，恐怕一时也难
以解决。只数精品 以用洋装一般以
辈尚此所止 好卖门太贵 不是好处。

右用 9.5

只是一种责任，没有什么"利"，也不在乎"名"。即使获了奖也没人在乎是谁的。

那时的美编室我年龄最小，工作比较认真，范老又酷爱装帧设计，所以1984年有了出国进修的机会，他就极力向版协推荐，让我第一批赴日本讲谈社学习。1985年回国，1986年三联书店恢复独立建制，讲谈社的朋友为我争取到再次留学的机会。刚刚独立，人手不够，我怕不能成行。没想到范老非常支持我再去深造。为了弥补人手不足，他兼职美术编辑，设计出许多好书。

退休以后范老仍然关心三联书店的装帧设计，经常给我写信，直言不讳，语重心长。至今我还保存着1996年9月5日他写给我的信。那时我们四位书装设计师搞了一个展览。范老在信中说：

> 四人展很成功，使我大开眼界。丁聪说：就是跟过去大不一样，我们中国，善于吸收外来的东西，看汉唐就知道，这是中国的长处。我希望不要忽视民族特点，推陈出新。你们四位如果可以称为一个学派，是否可以说，这一学派，源于东洋。我看过西方如德、法的一些书装，其特点是沉着、简练（无论是用色还是线条），似乎跟中国相近。总之，希望大家都来探索，在实践中更上一层楼。

> 在三联（书店）展览这么几天，为期太短，很多人都不知道。如果在三联门市（韬奋图书中心）开业之时展出，会有更多

的人、爱书的人来参观。去不去上海展出？上海有一支不小的装帧队伍，可以同他们交流经验。

　　建议与张守义同志商量，由版协装帧（艺）委（会）出面，每年编印一本《中国书籍插图装帧年鉴》，全国出版社赞助，应当容易办到。开会交流经验，散会了事，不及印出一本图册，效果大（好）得多。

　　《四人说》内容编排、印装都很有特色，只是翻起来比较费劲。

　　看来，你们跟纸老板关系甚好，所以得到他们赞助。洋纸较贵，影响它的销路，恐怕一时也难以解决。少数精品可以用洋纸，一般书籍尚就所宜。书卖得太贵，不是好事。

后来范老还特意把我和吕敬人叫到他家中，给我俩看他收藏的书。我理解他的苦心，一直牢记他的教诲，默默地尽力认真实践。

转眼间我也是六十多岁的人了。

2006 年 12 月 6 日

爱书、爱封面设计的痴情人——范用

张慈中

1950 年 12 月 1 日，人民出版社成立，我从出版总署直属的新华书店总管理处美术编辑室调入人民出版社设计科工作，那时我认识了范用。记得他的办公室在前院的西南角，管理期刊出版工作。他对书刊的封面和内文设计很热心。我与他在人民出版社共事近三十年，1979 年被借调到出版局工作，后又被借调去筹备中国大百科全书出版社，与范用见面的机会就少了。没想到过了十多年，我家搬方庄，很巧范用家也搬到方庄，我与他又成了邻居。

范用爱书，也爱书的封面设计；爱交朋友，特别爱交文化界、艺术界的朋友；爱酒，爱音乐。他不是一般的爱书，他爱得很痴情。凡是遇到一本好书，一本封面设计好的书，他就随身带着它，一见到熟人，就情不自禁地掏出来，对人说："这是一本好书，看，封面设计得多好啊！"滔滔不绝地夸赞。也有相反的情况，拿到一本封面设计难看得不像样子的书，他就很生气，发怒，话很难听。范用对书、对书的封面设计有如此爱恨分明的感情，令我敬佩。我为有这样一位好同志、好同行、好朋友感到十分欣慰。

　　我和范用在抗日战争时期就辍学，没有机会接受中高等教育。做学徒，做练习生，在社会上拼搏磨练，在泥泞的道路上向着自己希望的目标，艰难地一步一步向前走，向前跑，向前奔，不甘心由于没有受过好的教育而落后于别人。范用从30年代起半个多世纪，在封面设计工作上付出了辛勤的努力，作出了独特的贡献，60年代起又在出版社领导岗位上对编辑、设计、出版工作倾注了极大心血，成就显著，是当代出版界公认的走在前端的一位出版大家。

2006 年 12 月 5 日

减法的艺术

晓 岚

留意过早些年三联版图书的人都会记得它们朴素而优雅的装帧风格，也多半会注意到叶雨这个名字。他，就是闻名京城读书界的"范老板"——三联书店的前任总经理范用先生。

范用先生并不是专业的"装帧艺术家"，他只是自幼喜欢读书、画画、跑印刷所、调颜色。1938 年进读书生活出版社当练习生，设计的第一个封面被采用，几十年就这么一直做了下来。三联书店 80 年代以来出版的大量图书装帧设计都出自他手，或者由他构思，美编再去制稿。比如"学术文库""文化生活译丛""新知文库""读书文丛""外国漫画家丛刊"等多套丛书，零散的如《诗论》《古趣一百图》等。巴金先生称赞他设计的《随想录》"用辉煌的灯火把这本历尽艰难的小书引导到'文明'的市场中去"。当然，范用先生设计的这些书现在大都改头换面，或者售罄以后一直没有再版。

多年的经验使范用先生对装帧的看法变得简明而精粹，一是要提倡多样化的风格，二是要量体裁衣。他特别强调美术编辑要读懂书的内容，把握书的性格，这是设计的前提。范用热爱简洁、大方、韵味深远的设计，他力避繁复，深知"减法"之妙。《诗论》一书的封面就是将朱光潜先生的两个蝇头小字放大作为主要设计内容，看上去和谐、自然、悠长，充满"诗味"。

范用先生这一代出版人或已退隐，或已仙逝。在他们身上能看到作为一个出版人的全面的素养和一以贯之的文化追求，他们所热爱、所理解的是"书"，而非我们今天的口头禅"市场"。这，也是时代的变迁。

原载 1998 年 1 月 1 日《北京青年报》

范用先生的嘱咐

汪家明

　　八十年代以来，中国文化开放，西风东渐，已有二十多年了。初始的情况很有些像二十年代"五四"以后的中国，"新文艺的一时的转变和流行，有时那主权是简直大半操于外国书籍贩卖者之手的。来一批书，便给一点影响"（鲁迅1929年语）。小说方面，马尔克斯、米兰·昆德拉、罗伯—葛利耶、略萨等对中国作家的刺激，绘画方面，凡·高、蒙克、达利、弗洛伊德、巴萨尔斯等对中国画家的颠覆，都是人所共知的。书籍装帧艺术却有些不同，西方作用并不明显，倒可见出日本的影响，其原因，一是某种机缘，几位后起的书籍装帧艺术家，均曾去日本学习，回国后，又借助几家老牌出版社的平台，造成较大阵势；二是日本的东方情调易为中国普通读者接受。如果细究，也许还有第三个原因，就是，那些年我们的出版界，并未给予书籍装帧足够的重视，西方作用还是日本影响，不过是个别人关心的事情。

这"个别人"中，有一位是今年已经年近八十的范用先生。他自幼酷爱读书，书在他眼里，是有生命的机体，书的内容以及封面、扉页、勒口、正文版式、插图、纸张材料等，都是生命的组成部分，丝毫将就不得。多年来，他倡导简洁朴素、优美高雅的书籍装帧风格，并亲自设计了数十种图书，影响多人，成为特别的一派。有一次，我向他请教一套丛书的做法，他嘱我："设计封面时，一定要鲜亮些，用纯色！"我想，也许是他看到西方书籍装帧的长处，才这样说的——他的设计理念之一就是在书卷气的基调上，不拘一格，博采众长。

2002 年元旦

摘自《2001 国外书籍封面 226 帧·小引》，题目是后加的。

新版后记

汪家明

范用先生有个习惯：凡他喜欢的书，总是自己动手设计封面，或提出明确的意见（比如画出铅笔草图），交给美编制作。而这样印出来的封面，他都会留下一份整张的、未裁切的大样，贴在硬纸板上保存。久而久之，就有了一大摞。

其实范用从 1938 年在汉口进入读书生活出版社（后改名为"读书出版社"）做练习生时，就开始设计封面了。上世纪 80 年代，三联书店大量出版人文社科类图书，在全国造成深远影响。这是范用设计图书最多的年代。他那极有个性的设计风格同样影响深远。

1981 年，在范用的主持下，出版了杨绛的《干校六记》，书中记述了她和钱锺书在"五七干校"的生活。第一版的封面请丁聪设计，彩色的，几株大树，几座小房子。再版时，范用重新设计。他那时收藏了一本外国花草图案集，从里面选了一幅随风摇摆的小草图案，单色印刷，放在一个两色叠压的方框里，减到不能再减，纤巧而不轻浮。这个设计后来得了全国装帧设计奖。

用作者的手稿装饰封面或者扉页，是范用常用的手法。他自己最满意的巴金先生《随想录》的设计就是这样：满版烫银的作者手稿，压在浅黄色的底子上，同样是作者手书的"随想录"三个大字，则用灰蓝色印在封面的右上方。黄地儿、银色手迹和灰蓝色的书名形成三个色调、三个层次，朴素中见出高贵。巴金特意写信称赞："真是第一流的装帧！"依我看，范用设计封面和扉页，爱用文字，有个特殊原因：他不是画家，不擅长绘事。其实，这也是鲁迅先生设计封面的特点之一，比如《华盖集》《萌芽月刊》乃至外国木刻集《引玉集》等。20世纪三四十年代，文字设计在中国书籍设计中有很重要的地位，产生了许多杰作。汉字原本就是象形文字，具备绘画元素，以汉字设计封面，有先天艺术优势。可惜近年来，由于电脑文字的冲击，中国的文字设计艺术日见衰微。反过来说，这也正是范用设计风格中值得学习的地方。

"不看书稿，是设计不好封面的。"这是范用书籍设计理念的一个要点。《编辑忆旧》是赵家璧回忆1930年代编辑生涯文章的结集，封面选用西方线刻画《播种者》，以红色印在满版黑底儿上；扉页选用一页作者写在方格稿纸上的手稿，目录前还选登了一些木刻画——是正文内容的插图。范用自己说，这个封面设计"算是大胆，甚至出格"，但如今看来，整本书内外气韵统一，味道浓厚，未读正文已先有感觉。像这样自己编辑、自己设计的书，范用做了很多。由于吃透了书稿，设计时得心应手，形式与内容交相呼应。

"书籍要整体设计，不仅封面，包括护封、扉页、书脊、底封乃至版式、标题、尾花，都要通盘考虑。"这是范用书籍设计理念的另一个特点，也是特别具有前瞻性的一点。在上世纪整个八九十年代，一般出版社的书籍设计者，都只设计封面，正文版式则由出版部门的技术人员制作。如此，只是为书籍穿衣服，而未将书籍看作一个有生命的整体。

范用能有这样的前瞻性，关键在于他是一位真正的爱书人，"爱屋及乌"，爱书的内容，也爱书的每一个细节、角落。范用设计封面时，是把整个封面打开考虑，如此，从左至右，后勒口、封底、书脊、封面、前勒口，五部分一目了然。如果用色，他会巧妙地安排好哪部分用，哪部分不用，绝不会浪费一个颜色。他特别重视勒口和封底的设计，总要加上一些文字内容。他认为这是给读者提供信息的最好位置，而且经过排列文字，书也更加美观。其实，这是范用的设计充满书卷气的一个重要因素。他从 1980 年代初就在勒口和封底编排作者简介、内容提要和其他图书目录等信息，在当时可谓开风气之先，影响了三联书店的图书面貌，也影响了全国出版界。他还擅长巧妙安排三联店标，或在封面，或在书脊，或在封底的正中，或在条码定价之上，总是十分用心。

范用从来不会忽视扉页（内书名页）设计，但同样坚持简洁、美观、高雅的原则。一般只有书名、作者和出版社社名，最多加一两条线，或者印一个色。他设计的目录页，章节题目与页码之间，常用一种宽舒连缀的粗圆点，独一无二，被美编们称为"范用点"。内文版式更是体现他的书卷气的关键部位。一般情况，他喜欢版心小，天头大，看去疏朗赏心的版式。其他如字体、字号、字距、行距、书眉、标点、页码等，无不精心设计，甚至版权页也不放过。如果正文末尾有空白页，他则会设计一些图书广告。他设计广告讲究版面对称，有时煞费苦心，反复修改广告文字，使之一字不差地占满设定的空间。

"简练，巧用文字设计"；"设计者要读懂书的内容，做到内容与形式的统一"；"整体设计，关心书的每一个细节和每一个角落，把书视为有机的生命体"——这三条，再加上"独创性"，就是我理解的范用书籍设计的真谛了，而如果要用一个词儿概括他的设计风格，那就是"书卷气"。无论是范先生本人，还是他交往的朋友、他喜欢的书、他编辑的书、他设计的书，一言以蔽之，都浸透了书卷气。舍此，就没有"范用风格"或"三联风格"。这"书卷气"是三联书店之宝，潜移默化地熏染着每一位后来者。所以杨绛才会说：三联书店"不官不商，有书香。"但愿后人能够认识这股"气"的价值，不让它在天空中散去。

2002 年 4 月，我所在的山东画报出版社出版了一本《国外书籍封面 226 帧》寄给范用先生，他回信说："我也想编本《叶雨书衣》

请三联出版。"不久，我调到三联书店工作，去拜访时，他给我看他保留的那些封面大样：五六十张四开大的纸板上整整齐齐贴着一件件封面设计作品。一边看他一边讲这些书的往事。开首的一页，用蓝色和红色铅笔写着："叶雨书衣（红）——自选集（蓝）"。"叶雨"是他的笔名，业余之谓也。硕大的字，潇洒有力的笔画，透出他的自得和珍爱。数日后，他约我去家里，交给我一本二十四开、白纸装订的本子，是《叶雨书衣》的设计稿。已用铅笔画好了版式，一共七十多页，文字是一篇"自序"、一篇前些年发表在《北京青年报》的文章《减法的艺术》（署名晓岚），还有一篇，竟然是我写的《2001外国封面设计226帧·序》的选摘，其中谈到范用的设计艺术。我斟酌再三，提出请求：一，请范先生针对每一个封面写篇短文，讲讲设计这些书时的想法；二，不仅收入封面设计，也选一些扉页和内文版式设计，以便看出整体设计思想（这本是范用设计的特点）；三，由我来查找资料，简介每本书的内容，让读者更好地理解这些设计。可是范先生对我的请求不置可否，他已经八十岁，没有精力配合我的工作。后来我跟范先生约定，只要有空就去他家，和他聊这些封面，录下音来，回去整理后再交他修改。他笑笑，算是同意了。没想到这工作断断续续进行了四年，直到2006年夏天才告一段落。其间，我曾向宁成春咨询，为什么一些书中设计者的署名不是"叶雨"，而是其他人，是否会有版权问题？宁成春告诉我，那时范用是社领导，封面设计要经他签发，他不能自己签发自己的稿件，所以他从不署名，他设计的书，谁帮着制作，就署谁的名。直到他退休以后设计的封面，才开始署"叶雨"。其间，我收到范先生的信，告诉我某个封面他记不起是否他设计的了，不要收入，以免误会……

书编好以后，我请宁成春写了一篇文章：《对我影响最大的一位长者》；宁成春又请老一辈装帧设计家张慈中写了一篇《爱书、爱封面设计的痴情人——范用》，作为附录收在书中。《叶雨书衣》的整体设计，请陆智昌担当。陆智昌是香港设计师，来北京十多年了，他简约的艺术风格影响了当今图书装帧设计的走向。我觉得他在某些方面和范先生投缘，虽然他们没有来往。果然，陆智昌痛快地接手设计，而且不止一次告诉我，他喜欢范用这些设计作品，"每一幅都有创造性，都是新鲜的"。他认为，范用设计时更重视图书的内容，但又不是与内容亦步亦趋，他的设计与内容之间有一种"抽象的默契"。正因为范用不是专业设计师，所以他的构思更大胆，更具冲击力。

陆智昌对我给他的图像资料很不满意，亲自找了咖啡色的衬纸，选择各角度的灯光和色调，将每本书重新拍照，重点强调其书卷气和厚重感。整本《叶雨书衣》的基调也是如此，朴素、疏朗，极力展示作品的内力。或者说，《叶雨书衣》不仅展示范用的图书设计，也在展示范用主持编辑出版的一批影响深远的好书。可是到设计这本书的封面时，陆智昌似乎被难住了，做了许多方案，都不满意。出书日期一拖再拖，后来他灵机一动，采用书中范用自己的一件作品：曹聚仁《书林新话》的封面，稍加改动。《书林新话》是关于书的书，《叶雨书衣》也是关于书的书。封面画是一卷书、一柄剑、一只燃着烛的烛台和一只杯子，左上有题字曰：检书烧烛短，看剑引杯长。是杜甫的诗句。这幅画包含了文、武、酒、夜，隐含着陆智昌对范用出版生涯的理解和尊重。

《叶雨书衣》是范先生七十多年编辑出版生涯中的最后一本书。如今，他远行已近五年。三联书店重新出版这本书，我得以再次体验编辑这本书时的快乐和收获，同时深深地怀念他。

2015 年 5 月 19 日

图书在版编目（CIP）数据

叶雨书衣:自选集／范用著. —2版. —北京：生活·读书·新知三联书店，2015.9
ISBN 978-7-108-05399-2

Ⅰ.①叶… Ⅱ.①范… Ⅲ.①封面－设计 ②书籍装帧－设计 Ⅳ.①TS881

中国版本图书馆CIP数据核字（2015）第132995号

特邀编辑　汪家明
装帧设计　陆智昌
责任编辑　王　竞
责任印制　郝德华

出版发行　生活·讀書·新知　三联书店
　　　　　（北京市东城区美术馆东街22号 100010）
网　　址　www.sdxjpc.com
经　　销　新华书店
印　　刷　北京图文天地制版印刷有限公司
版　　次　2007年2月北京第1版
　　　　　2015年9月北京第2版
　　　　　2015年9月北京第2次印刷
开　　本　720毫米×1000毫米　1/16　印张15.25
字　　数　76千字
印　　数　08,001－13,000册
定　　价　49.00元

（印装查询：01064002715；邮购查询：01084010542）